ulmer

Irene Kunze

Vertrau mir

Vom Tierschutzhund zum glücklichen Partner

Inhalt

Vorwort

Dieses Buch möchte Ihr Begleiter für Alltagsfragen im Umgang mit Ihrem Tierschutzhund werden. Es soll Ihnen helfen zu verstehen, warum er eigentlich so ist wie er ist. Die Persönlichkeit Ihres Schützlings ist einzig, ebenso wie die Erfahrungen in seinem Vorleben. Seine schlechten Erfahrungen haben ihn mehr oder weniger tief geprägt, was sein Verhalten negativ beeinflussen kann.

Oft verläuft die Integration eines Tierschutzhundes in sein neues Zuhause völlig unproblematisch. Manchmal müssen jedoch auch einige Herausforderungen gemeistert werden, die bei positiver Bewältigung den reinsten Teambildungscharakter haben.

Alles, was in unserer zivilisierten Welt alltäglich ist, Ihr Hund aber in seinem Vorleben nicht lernen konnte, hat Defizite bzw. mangelnde Sozialisierung verursacht. Das erklärt seine mitgebrachten Ängste, die er im neuen Zuhause überwinden muss.

Alternativ könnte er früher aber auch dreiste Beschaffungskriminalität betrieben haben, die ihm sein Überleben als Streuner ermöglicht hat. Im neuen Zuhause wird er eine Hausordnung lernen müssen, die ihm nicht mehr gestattet, straffällig zu werden. Dafür werden ihm aber Geborgenheit und Sicherheit garantiert.

Wie dem auch sei, wenn Ihre Fellnase Ihr ansonsten so harmonisches Familienleben etwas in die Schieflage gebracht haben sollte, und Sie deshalb Hilfe suchen, kann Ihnen dieses Buch helfen. Es erhebt keinen Anspruch darauf, alle befremdlichen und unerwünschten Verhaltensweisen jedes Tierschutzhundes therapieren zu können. Dazu sind die einzelnen Hundepersönlichkeiten selbst, ihr individuelles Vorleben und auch ihr neues Umfeld bei Ihnen zu Hause viel zu verschieden. Sie erhalten jedoch viele Informationen darüber, wie dieses oder jenes Verhalten Ihres Hundes zustande kommt. Das wird Ihnen wertvolle Einsichten und Aha-Erlebnisse liefern, die wiederum helfen, unerwünschtes Verhalten Ihres Hundes nicht nur zu verstehen, sondern auch angemessen und artgerecht zu korrigieren.

Ihr Umgang bzw. die Haltungsbedingungen im neuen Zuhause haben großen Einfluss auf das Verhalten Ihres Hundes. Manch unerwünschtes Verhalten entwickelt sich erst im neuen Zuhause durch unbewusste Fehlerziehung. Das kann übrigens mit jedem Hund passieren. Hier werden Sie auf Stolperfallen aufmerksam gemacht, und Sie können erfahren, wie Sie durch eigene Verhaltensänderung Ihren Hund ruck zuck wieder in die gewünschte Bahn lenken können.

Dabei hilft es sehr, wenn Sie Ihren Hund genau beobachten. So bekommen Sie einen Einblick in die Gefühlswelt Ihres Hundes und können die Ursachen für eventuelle Missetaten besser analysieren. Sobald Sie seine Motivation für dieses oder jenes Verhalten kennengelernt haben, können Sie Ihren Umgang mit ihm zielführend gestalten.

Einem Hund aus dem Tierschutz ein neues und gutes Zuhause zu geben, ist eine großartige Sache. Ein einzelnes Tier zu retten würde nicht die Welt verändern, so las ich, aber die ganze Welt würde sich für dieses eine Tier verändern (Verfasser unbekannt). Sie werden sehen, es ist toll, wenn Sie die ganze Welt verbessern können – selbst, wenn es „nur" für einen Hund ist.

Einen Tierschutzhund adoptieren

Aller Anfang muss nicht immer schwer sein

Die Erwartung an Ihren neuen Hund und die Realität mit ihm sind meistens nicht deckungsgleich. Na und? Manchmal ist die Realität sogar noch besser.

Die Adoption eines Hundes als zusätzliches Familienmitglied ist etwas ganz Besonderes. Die gesamte Familie fiebert dem Tag entgegen, wenn der Vierbeiner endlich ins Haus kommt. Seine Ankunft haben Sie bestimmt gut vorbereitet. Dabei geht es nicht nur darum, das Bettchen und einen Napf zu kaufen. Sie haben gewiss auch jede Menge Erwartungen und auch Vorsätze für Ihr gemeinsames Miteinander. Wenn Sie vor der Zeit des Einzugs Ihres Vierbeiners ein Interview mit allen Familienmitgliedern über die Erwartungen an Ihren Hund geführt hätten, was meinen Sie, wie wäre das wohl ausgefallen? Die Kinder wollten vielleicht einen Spielkameraden oder einen Beschützer und einen vierbeinigen Kumpel, mit dem sie durch Dick und Dünn gehen können. Ein anderer wünschte sich vielleicht einen Begleiter beim Joggen und für andere sportliche Aktivitäten und schließlich sollte der Vierbeiner auch ein familiärer Kuschelpartner sein.

Schau, jetzt kommt deine neue Familie.

Eingezogen und lieb gewonnen

Und plötzlich ist Ihr Hund bei Ihnen. Eine individuelle Hundepersönlichkeit ist bei Ihnen eingezogen, mit Charakter und Temperament und mit einem unbekannten Vorleben, das ihn je nach Länge und Erlebtem mehr oder weniger stark geprägt hat. Verschiedene Welten sind nun zusammengekommen, nämlich die Ihres Hundes und die Ihre mit all Ihren Erwartungen.

Hunde sind zum Glück sehr anpassungsfähig, und Sie und Ihre Familie sind tolerant. Deshalb entwickelt sich die Integration des Vierbeiners in seine neue Familie unproblematisch. Die Erwartungen der einzelnen Familienmitglieder werden zwar nicht immer so erfüllt wie erträumt, aber alle arrangieren sich und lernen sich lieben. Ihr Hund krempelt vielleicht sogar Ihren Familienalltag ins Positive um, und nun haben Sie gemeinsam mit ihm (hoffentlich) sehr viel Spaß und Freude.

Ins Familienleben integrieren

Das kennen Sie bestimmt: Nichts ist umsonst. Doch je besser Sie auf alle möglichen Eventualitäten vorbereitet sind, umso einfacher fallen Ihnen die ersten Wochen mit Ihrem Tierschutzhund.

Da ist zunächst die Verantwortung Ihrem Tier gegenüber. Ihr Schützling braucht nicht nur gutes Futter, Wasser, ärztliche Versorgung und eine Haftpflichtversicherung. Ihr Hund braucht auch eine Führung durch sein gesamtes restliches Leben! Führung bedeutet erzieherische Begleitung bzw. Lenken und Halten innerhalb von akzeptablen Grenzen. Diese Art der Führung soll stets von einem harmonischen Miteinander gekennzeichnet sein. Ihr Hund soll sich wohlfühlen in Ihrer Familie und Sie und Ihre Familie sollen sich genauso wohlfühlen mit ihm. Da kommen Sie um Feedback Ihrem Hund gegenüber nicht herum: Das hast du gut gemacht, aber das geht auf keinen Fall usw. Wie Sie diese Dinge Ihrem Hund durch liebevolle Konsequenz beibringen können, ist eines der Anliegen dieses Buches.

Lernen Sie die Sprache Ihres Hundes

Kommunikation mit Ihrem Hund setzt voraus, dass Sie seine Sprache verstehen, und dass Sie sich auch eindeutig ihm gegenüber äußern können. Die Sprache Ihres Hundes lernen Sie, wenn Sie ihn beobachten. Das dient auch Ihrer Sicherheit, denn Hunde sind und bleiben (Raub-)Tiere und damit auch ein Stück weit unberechenbar, zumindest für ungeübte Beobachter. Hunde lassen sich oftmals sehr viel von uns Menschen bieten, aber nicht alle Hunde dulden alles! Auch wenn ein Abwehren durch Schnappen und Beißen in bestimmten Situationen aus Hundesicht nachvollziehbar und verständlich ist, sind die Konsequenzen für den Hund dramatisch. Abgesehen davon müssen Verletzungen von Menschen vermieden werden. Das gilt nicht nur für die Mitglieder Ihrer Familie. Weder Zwei- noch Vier-

Straßenhunde im europäischen Ausland fristen ein gefährliches Leben.

beiner im sozialen Umfeld Ihres Hundes dürfen belästigt oder gar verletzt werden. Das zweite Anliegen dieses Buches besteht darin, Sie, liebe Leser, auf Sicherheitsaspekte aufmerksam zu machen.

Ihr Einfühlungsvermögen ist gefragt

Ein Hund aus dem Tierschutz ist anders als ein Hund, den Sie von einem Züchter erworben haben und doch sind sie beide so ähnlich: Die Unterschiede liegen in den prägenden Erfahrungen der Vergangenheit, die im Falle der Tierschutzhunde mehr Verständnis und Geduld zum Bindungsaufbau erfordern. Ihr Einfühlungsvermögen ist gefragt, allerdings ohne Ihren Schützling in Watte zu packen. Das mag manchmal wie ein Spagat anmuten: Erziehung–Ja, Erziehungsstress–Nein, Verständnis–Ja, Sonderrechte (die nichts weiter sind als Inkonsequenz)–Nein usw.

Führen Sie klar und bewusst

Hunde – egal welcher Herkunft – ähneln sich in ihrer Kommunikation und in ihrem Verstehen unserer Führung. Lassen wir diese hier und da schleifen, versäumen es, klare Grenzen zu setzen oder verstärken falsches Verhalten versehentlich durch Lob, verursachen wir selbst Verhaltensweisen unseres Hundes, die wir nicht mögen. Oft genug sind unschöne Verhaltensweisen nur Symptome, weil an anderer Stelle der Kommunikation etwas missverstanden wird. Dabei spielt es keine Rolle, ob der Hund aus dem Tierschutz stammt oder direkt vom Züchter. Ihnen als Hundehalter zu vermitteln, dass Sie erziehungstechnisch unheimlich viel bei Ihrem Hund bewirken – bewusst und unbewusst – ist ein weiteres Anliegen dieses Buches.

Überwundene Hindernisse schweißen zusammen

Manchmal schweißt die gemeinsame Überwindung von Anfangsproblemen mehr zusammen als Sie denken. Sie schaffen das!

So soll Sie dieses Buch auch als Hunde-Adoptiveltern sensibilisieren, wie komplex das eventuelle Fehlverhalten Ihres Schützlings und die möglichen Ursachen sind. Therapieren Sie nicht gleich los, wenn Ihnen ein bestimmtes Verhalten Ihres Hundes nicht gefällt. Versuchen Sie stets die eigentliche Ursache des unerwünschten Fehlverhaltens zu ergründen. Bedenken Sie auch die spezifische Gesamtsituation. Nicht jeder allgemeine Tipp aus Büchern, Internetforen oder Online-Hundeschulen kann für Ihre spezielle Situation angewendet werden und den Durchbruch bringen. Dieses Buch ist da mit eingeschlossen.

Dennoch können Sie selbst viel bewirken. Beachten Sie stets einen ruhigen und sensiblen Umgang mit Ihrem Hund, dann wird er auch sensibel reagieren. Bei schwerwiegenden Problemen empfiehlt sich ein wirklich guter Trainer vor Ort, der Ihren Hund und Ihre Familie sowie Häuslichkeit und Gewohnheiten berücksichtigt.

Welche Vergangenheit hatte Ihr Tierschutzhund?

Für einen verständnisvollen Umgang mit Ihrem Hund ist es hilfreich, seine Herkunft und damit sein Vorleben zu berücksichtigen, denn seine Erfahrungen prägen maßgeblich sein Verhalten.

Die Abbildung auf der nächsten Seite fast zusammen, warum welche Hunde im deutschen und europäischen Tierschutz landen können und auch über welche verantwortungslosen Quellen Hunde zum Kauf oder zur Vermittlung angeboten werden. Sie können bestimmt einordnen, zu welcher Gruppe von Hunden Ihr Schützling gehört. Ausgehend von der jeweiligen Herkunft können Sie nun Annahmen über das Vorleben Ihres Hundes treffen.

Auf Menschen sozialisiert?

Wenn Sie einen erwachsenen Hund aus einem deutschen Tierheim adoptiert haben und dieser auch aus Deutschland stammt, so ist die Wahrscheinlichkeit groß, dass er auf Menschen sozialisiert worden ist. Trotzdem können z. B. bei Abgabetieren und auch bei den ausgesetzten Hunden die Erfahrungen mit Menschen ganz unterschiedlich gewesen sein. Das ist vom jeweiligen Abgabegrund abhängig. Wenn Hunde aufgrund von Notsituationen abgegeben wurden, hatten sie bis zur Abgabe vermutlich ein gutes Leben.

Wenn Ihr Hund ursprünglich aus einer Beschlagnahmung stammt, so wurde er aufgrund von Anzeigen oder Beschwerden über schlechte Haltungsbedingungen dem ursprünglichen Besitzer weggenommen. Aus Beschlagnahmungen können vernachlässigte Einzelhunde oder auch ganze Tiergruppen kommen, die einer falsch verstandenen

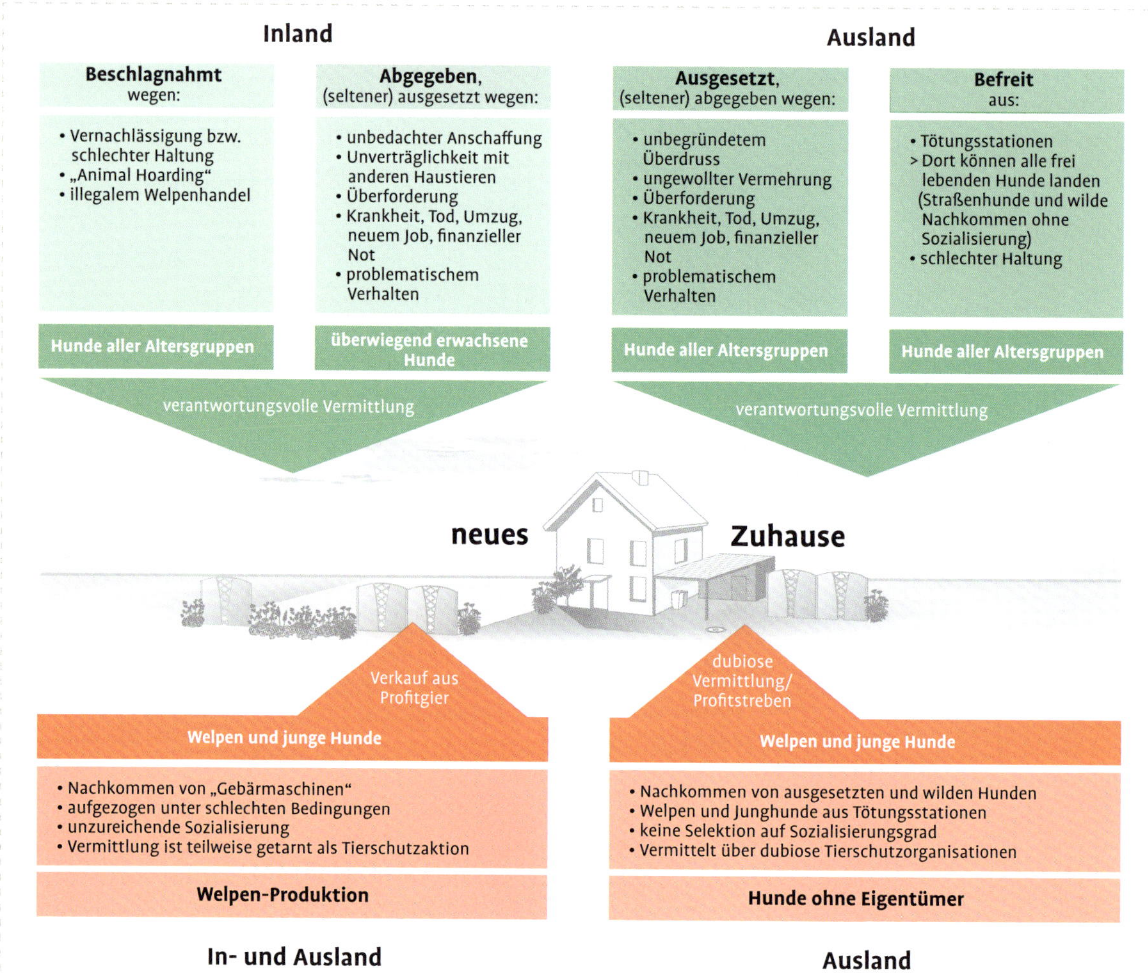

Tierschutzhunde und ihre Herkunft (oben) sowie Hunde aus tierschutzwidriger Aufzucht und dubioser Vermittlung (unten).

Tierliebe, dem Animal Hoarding, zum Opfer gefallen sind. Dabei kann es sich um Hunde aller Altersgruppen handeln. Auch diese Hunde sind mit großer Wahrscheinlichkeit einen menschlichen Haushalt und Umgang gewöhnt. Ihnen mangelte es vor allem an Fürsorge, d. h. im wesentlichen Pflege und womöglich auch Futter. Sie hatten vermutlich auch nur wenig Zuwendung. Solche Defizite lassen sich im neuen Zuhause in der Regel gut ausgleichen. Einzelhunde aus schlimmer Haltung können allerdings auch schlechte Erfahrungen mit ihrem Halter gemacht haben. Dadurch könnte Ihr Hund Angstverhalten entwickelt haben.

Ein Welpe aus schlechter Aufzucht?

Möglicherweise haben Sie einen Welpen aus einer unbekannten Aufzucht bei sich aufgenommen, weil man ihn als Tierschutzhund ausgegeben hat. Auch dieser bringt seine kurze Geschichte mit. Sie mag von unzureichender Sozialisierung auf Menschen und Umweltreize geprägt sein.

Hunde, die aus illegaler Produktion hervorgehen oder durch illegalen Welpenhandel veräußert werden sollen, werden ebenfalls beschlagnahmt, sofern die Behörden und der Tierschutz Kenntnis davon bekommen.

Wenn Sie einen Welpen aus miserabler Aufzucht adoptiert haben, kann es zu schwerwiegenden Problemen kommen. Die Zeit von der 4. bis zur 12. oder sogar 16. Lebenswoche ist prägend. Welpen in diesem Alter sind besonders aufnahmefähig und werden stark durch die Vorgänge in ihrer Umgebung beeinflusst. In dieser Phase werden die Kleinen mit anderen Hunden (Tieren) und Menschen sozialisiert oder eben auch nicht, wenn sie isoliert in einem düsteren Verschlag gehalten werden. Letzteren Hunden fehlt auch jede Sozialisierung mit Umweltreizen und sie werden vor allem und jedem zurückschrecken. Diese Defizite können sie selbst in einem neuen und guten Zuhause kaum 100%ig ausgleichen.

Ein Hund aus dem europäischen Ausland?

Deutsche Tierheime vermitteln sowohl Hunde aus dem Inland als auch teilweise aus dem europäischen Ausland, wenn es ihre Unterbringungskapazität zulässt. Es kann also auch sein, dass Sie Ihren Hund aus einem deutschen Tierheim adoptiert haben, er aber ursprünglich aus einem europäischen Problemland stammt. Diese Information werden Sie bei der Adoption gewiss erhalten haben.

Ansonsten werden ausländische Hunde oft über kleinere Tierschutzorganisationen ins Land geholt und entweder zuerst von Pflegestellen aufgenommen oder sogar direkt nach deren Ankunft in Deutschland ins neue Zuhause übergeben.

Wenn Sie einen Hund aus dem europäischen Ausland bei sich aufgenommen haben, so kann seine Geschichte ebenfalls ganz vielschichtig sein. Abgabegründe wie bei uns in Deutschland gibt es dort auch. Allerdings ist das Aussetzen von Hunden dort die gängige Praxis der Entsorgung. Ausgesetzte Hunde haben noch ein menschliches Umfeld kennengelernt, doch ihre in Freiheit geborenen Nachkommen kennen keine familientypische Sozialisierung. Solche Hunde sind beispielsweise auch keine Alltagsgeräusche gewohnt und müssen im neuen Zuhause viel nachholen.

Das Vorleben prägt die Straßenhunde

Das Leben auf der Straße bzw. in freier Wildbahn bedeutet für die entsprechenden Hunde eine raue Freiheit und aufgrund von Hunger, Durst, Parasiten, Krankheiten, Revierkämpfen und Bedrohung durch Menschen oft einen Kampf ums Überleben. Die Hunde schließen sich in Rudeln zusammen. Rudelanschluss ist für sie wichtig, vielleicht sogar lebensnotwendig, denn im Rudel genießt jeder Hund einen gewissen Schutz (vor anderen Rudeln und auch vor Menschen), und er bekommt dadurch wichtige Sozialkontakte zu anderen Hunden. Innerhalb des Rudels gelten hierarchische Prinzipien. Je höher der Rang im Rudel, umso mehr Vorrechte genießt der Inhaber dieser Posi-

Straßenhunde

Insgesamt lernen Straßenhunde, dass Menschen unberechenbar und nicht verlässlich sind. Das bedeutet für Sie, dass Ihr Hund zum Zeitpunkt der Adoption unter Umständen sehr scheu und misstrauisch ist.

tion. Der Rudelführer kann zuerst fressen, sich den besten Liegeplatz aussuchen und wählt zuerst seinen Sexualpartner aus. Von daher ist es nicht überraschend, wenn die einzelnen Rudelmitglieder streng darauf bedacht sind, eine möglichst hohe Position im Rudel einzunehmen. Schwäche zu zeigen oder schwach zu sein, wird von anderen Rudelmitgliedern ausgenutzt, um selbst im Rang nach oben zu klettern.

Das Erfahrungspotenzial von Straßenhunden aus dem europäischen Ausland mit Menschen ist vielschichtig und oft gegensätzlich. Überwiegend werden die Hunde ignoriert, gemieden oder vertrieben. Viele Hunde werden auch gefangen, geschlagen, teilweise gequält und getötet. In Urlauberregionen werden streunende Hunde von tierlieben Urlaubern manchmal gefüttert, was für die Hunde die positive Kehrseite der Menschenerfahrung bedeutet.

Verständnis und Geduld sind gefragt

Die Erfahrungen aller Tierschutzhunde mit Menschen sind sehr unterschiedlich in Qualität und Quantität. Das Vorleben, in dem Ihr Schützling altersbedingt kürzere oder längere Erfahrungen gesammelt hat, hat ihn geprägt, was von Ihnen als Adoptiveltern Verständnis und Geduld im Umgang mit ihm erfordert. Der Aufbau einer neuen vertrauensvollen Bindung braucht Zeit.

Die altersbedingten Vorteile und Herausforderungen von Tierschutzhunden.

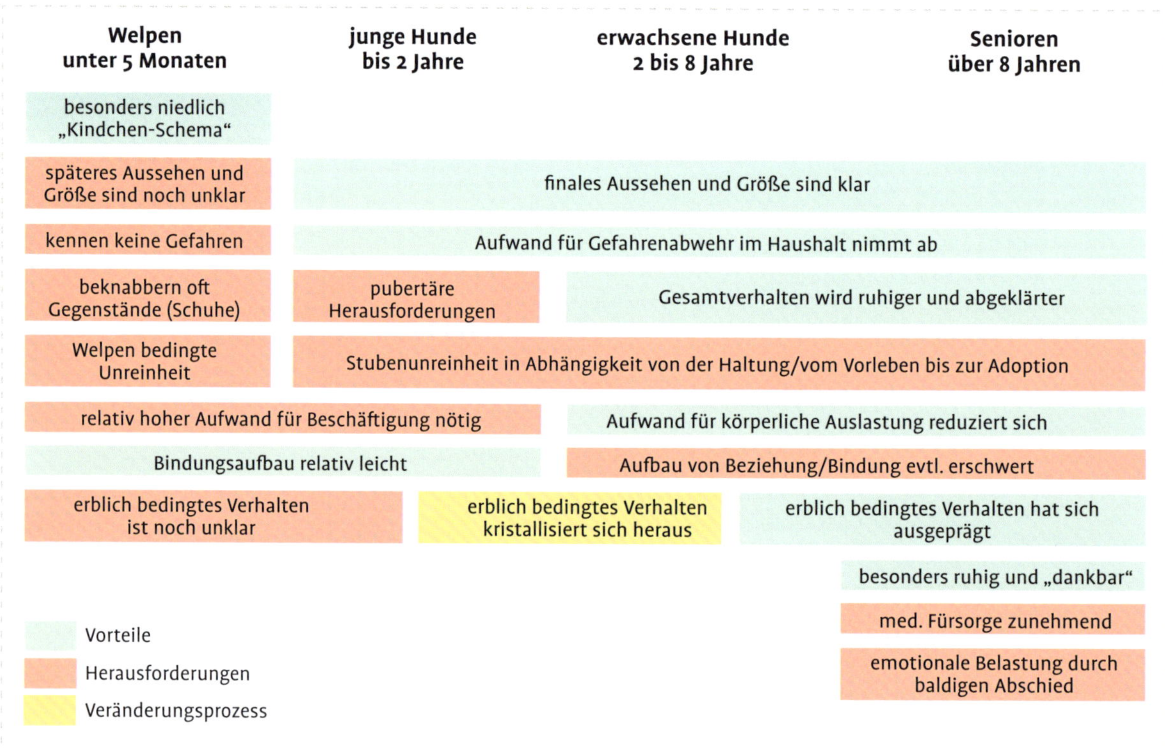

Ihr Hund und sein Steckbrief

Wahrscheinlich haben Sie Ihren Hund nach Aussehen, Alter und Geschlecht, vielleicht auch nach Rassezugehörigkeit ausgesucht. Welche dieser Kriterien beeinflussen nun wie sein Verhalten?

Im Tierschutz sind Hunde jeden Alters anzutreffen. Egal wie alt Ihr Hund zum Zeitpunkt der Adoption war, jedes Alter hat Vorteile und kann auch Herausforderungen mit sich bringen.

Welpen – zuckersüße Überraschung

Welpen öffnen das Herz jedes Hundeliebhabers. Der Grund liegt in ihrem sogenannten „Kindchenschema". Der Kopf ist relativ groß, die Augen sind groß und rund und stehen relativ weit auseinander, Nase und Maul sind klein, und die Stirn ist etwas vorgewölbt. Die Körperform erscheint insgesamt plump und die kurzen dicken Extremitäten lassen die Kleinen tapsig erscheinen. Durch diese äußeren Merkmale sehen die kleinen Hunde besonders niedlich aus und das spricht unseren menschlichen Fürsorgeinstinkt an.

Das spätere Erscheinungsbild ist bei Mischlingswelpen unklar. Je nachdem welche Paarungspartner sich zusammengefunden haben und wie auch deren Vorfahren aussahen, kann die Entwicklung des adoptierten Welpen zum unerwartet großen oder kräftigen Hund erfolgen oder das zunächst glatte und kurzhaarige Fell wird plötzlich lang und wuschelig. Das alles tut der Schönheit Ihres Hundes natürlich keinen Abbruch, denn er ist ein Unikat und immer liebenswert.

Ebenso ungewiss verhält es sich mit rassetypischen Eigenschaften, deren Ausprägung Sie erst mit dem Erwachsenwerden erkennen können.

Welpen sind wie Kinder, die keine Gefahren kennen. Da wird drauf los geknabbert, egal ob es Herrchens Schuh oder ein Stromkabel ist. Ebenso gefährlich wie ein angeknabbertes Stromkabel können Treppen im Haus sein, wenn gespielt und herum geklettert wird. Da kann man auch schon mal an Stellen runterpurzeln, wo es weh tut. Des Weiteren müssen Frauchen und Herrchen berücksichtigen, dass der Welpe wahrscheinlich alles auf Fressbarkeit prüft. Da sollte nichts dabei sein, was ihm schaden kann. Kurz und gut, bei dem kleinen Racker ist Schadensbegrenzung im Haus nötig und stets ein wachsames Auge zur Beobachtung bereit zu halten. Das kann ganz schön anstrengend sein.

Bei Welpen – egal ob reinrassig oder Mischling – kann man natürlich auch keine Stubenreinheit erwarten. Hier bleibt den Adoptiveltern nichts anderes übrig, als häufiger als bei erwachsenen Hunden auf Gassi-Runden zu achten und auch nachts dem Vierbeiner die Möglichkeit zum Lösen anzubieten, manchmal mehrfach.

Obwohl Welpen auch sehr viel Ruhe benötigen, wollen sie in den Zwischenzeiten ihre intensive Beschäftigung haben. Das braucht Zeit. Auf der anderen Seite ist der Bindungsaufbau bei Welpen leichter. Sie sind neugierig, verspielt, weniger ängstlich und haben aufgrund ihres geringen Alters rein rechnerisch weniger negative Erfahrungen gesammelt. Das ermöglicht theoretisch viel schneller einen intensiven Kontakt zu ihnen und damit wird die Integration ins Familienleben vermutlich einfacher als mit einem erwachsenen Hund.

Junge und erwachsene Hunde – klareres Bild

Bei jungen und erwachsenen Hunden ist das spätere Aussehen schon klarer erkennbar und auch rassetypische Charakterzüge treten bereits deutlicher hervor. Das ist ein Vorteil gegenüber einem Welpen, sofern Sie nicht unbedingt auf Überraschungseffekte aus sind. Alle welpenbedingten Risikoaktionen haben sich bereits reduziert. Schuhe und Elektrokabel sind für Knabberaktionen eventuell schon tabu. Der erwachsene Hund ist um Etliches ruhiger geworden. Das spart Zeit und Nerven.

Die welpenbedingte Unreinheit ist bei erwachsenen Hunden kein Thema mehr. Das bedeutet jedoch nicht, dass ein erwachsener Hund aus dem Tierschutz von Anfang an stubenrein ist. Unmittelbar vor der Adoption hat ihr Hund vermutlich im Tierheim gelebt, wo er sich Tag und Nacht je nach Bedarf lösen konnte. Deshalb kann niemand erwarten, dass der Hund sofort begreift, was von ihm im neuen Zuhause erwartet wird. Im Allgemeinen lernen Hunde jedoch sehr schnell, wo sie ihr Geschäft erledigen können und sollen.

Mit zunehmendem Alter des Hundes kann die Verpflanzung in ein neues Umfeld schwieriger sein im Vergleich zu Welpen oder sehr jungen Hunden. Hier wäre eine Kennenlernphase vor der eigentlichen Adoption für beide Seiten hilfreich.

Welpen brauchen viel Beschäftigung und müssen ihre Zähne ausprobieren. Um das Mobiliar zu schonen, ist es besser, ein geeignetes Spielzeug oder einen Kauartikel zur Verfügung zu stellen.

Senioren – weise und „dankbar“

Ein besonderer Akt der Tierliebe ist die Adoption eines Senioren. Hunde, die ihre Lebensmitte deutlich überschritten haben, sind überwiegend ruhig und „dankbar“ im menschlichen Sinne, was nichts anderes bedeuten soll, als dass diese Hunde mit wenig sehr zufrieden sind. Ihr Anspruch an körperlicher Bewegung ist reduziert und die Freude über ein gemütliches Plätzchen in der Nähe ihrer Familie ist die schönste Belohnung überhaupt. Einen Senior zu adoptieren bedeutet aber nicht, dass dieser mit einem schönen Plätzchen, Futter und Wasser ausreichend versorgt ist. Auch alte Hunde haben den Anspruch nicht nur auf Zuwendung, sondern auch auf Beschäftigung, sodass sie sowohl körperlich als auch mental solange wie möglich fit bleiben können. Der nötige Zeitaufwand für diese Aktivitäten ist im Vergleich zu jungen Hunden deutlich reduziert, weil Hunde mit zunehmendem Alter mehr Ruhe brauchen. Der Nachteil bei der Adoption alter Hunde ist die höhere Wahrscheinlichkeit der steigenden Tierarztkosten im Vergleich zu jüngeren Hunden und die emotionale Belastung für die Familie beim baldigen Ableben des Tieres. Wenn jedoch ein altes Tier durch Ihre Adoption die Chance erhält, in einem behüteten Zuhause zu sterben anstatt allein in irgendeinem Zwinger oder auf der Straße, so haben Sie sehr viel Gutes getan!

Das Thema Fruchtbarkeit

Sofern Sie keinen Welpen aus dem Tierschutz übernommen haben, ist mit großer Wahrscheinlichkeit davon auszugehen, dass Ihr Schützling kastriert oder sterilisiert ist.

Bei einer Sterilisation werden beim Rüden die Samenleiter und bei Hündinnen die Eileiter durchtrennt. Sie sind damit nicht mehr vermehrungsfähig. Ihr Hormonhaushalt bleibt jedoch unverändert, d. h. Hündinnen werden nach wie vor läufig und Rüden sind weiterhin sexuell an Hundedamen interessiert.

Bei kastrierten Tieren verändert sich durch den Eingriff der Hormonhaushalt, denn bei diesem Eingriff werden bei Rüden die Hoden und bei Hündinnen die Eierstöcke entfernt. Hündinnen werden nicht mehr läufig und Rüden interessieren sich nicht mehr für läufige Hündinnen.

Kastration

Kastrationen gelten als Amputationen, weil Organe entnommen werden. Ohne medizinischen Grund sind Kastrationen nach § 6 Abs. 1 des deutschen Tierschutzgesetzes verboten. Allerdings sind folgende Ausnahmen dieses Verbots berücksichtigt: wenn es eine gebotene tierärztliche Indikation gibt und um unkontrollierte Fortpflanzung zu verhindern. Um die Kastration von Hunden sind bereits viele Diskussionen auf juristischer, medizinischer sowie ethischer Ebene entfacht. Im Zusammenhang mit der Tierschutzsituation für Hunde und der unbedingt notwendigen Kontrolle und Reduzierung der Vermehrungsquoten sind Methoden der Unfruchtbarmachung unumgänglich. Weiterführende Informationen zu diesem Thema finden sich auf der Internetseite des Deutschen Tierschutzbundes.

Im Tierschutz ist die Kastration von Hunden die gängige Methode, um Unfruchtbarkeit zu erreichen. Erkundigen Sie sich besser vorher, wie es um Ihren Schützling steht, um eventuellen Überraschungen vorzubeugen.

Korrelieren Geschlecht und Verhalten miteinander?

Um es vorweg zu nehmen, sie können sich sowohl mit einer Hündin als auch mit einem Rüden zu einem „Dream-Team" entwickeln und mit beiden Geschlechtern kann es zu erzieherischen Herausforderungen kommen.

In der Hauptsache prägen Erbanlagen (beteiligte Rassen) und erlernte Erfahrungen das Wesen der Hunde, nicht aber das Geschlecht. Das bedeutet, dass Charaktereigenschaften wie starke Anhänglichkeit, gute Verträglichkeit, hohes Schmusebedürfnis, guter Gehorsam oder Erziehbarkeit glücklicherweise beide Geschlechter aufweisen können.

Eine vorsichtige Korrelation der Geschlechter zum Rangordnungsbestreben ist jedoch möglich. Unter den Rüden sind anteilmäßig mehr „Führungspersönlichkeiten" (Seite 64 f.) zu erwarten als unter Hündinnen, die zu mehreren auf gleichem Rangniveau im Rudel agieren und demnach tendenziell mehr „Teamplayer"-Eigenschaften aufweisen müssten. Es ist aber klar, dass es zu allen Regeln und Tendenzen immer wieder Ausnahmen gibt.

In der Regel sind Hündinnen etwas zierlicher als ihre Geschwister-Rüden innerhalb einer Rasse. Daraus können Sie jedoch bei der Adoption eines Mischlings nichts ableiten, denn selbst wenn Sie die Geschwisterrüden ihrer adoptierten Hündin kennen würden, so können aufgrund der Neukombination der Erbanlagen in einem gemischten Genpool durchaus auch die Hündinnen größer ausfallen als ihre Brüder im gleichen Wurf.

Aufgabenteilung im Rudel

In wild lebenden Hunderudeln wurde beobachtet, dass es zwischen den beiden Geschlechtern eine Aufgabenverteilung gibt. Die externe Sicherung des Territoriums und die Verantwortung für das Rudel kommen meist den Rüden zu, während die Hundedamen für die „internen" Aufgaben zuständig sind.

Reinrassig oder Mischling?

Auch für dieses Thema gilt: Alles hat seine Vor- und Nachteile. Durch den Tierschutz werden sowohl reinrassige als auch Mischlingshunde vermittelt, wobei der Anteil der Mischlingshunde sehr wahrscheinlich höher ist.

Rassehunde werden sich sowohl äußerlich als auch vom Wesen her den Rassestandards anlehnen. Wenn Sie beispielsweise einen jungen spanischen Galgo adoptiert haben, so können Sie davon ausgehen, dass dieser Hund einmal max. 30 kg wiegen wird, dass die Widerristhöhe bei Rüden 62 bis 70 cm und bei Hündinnen 60 bis 68 cm betragen wird. Außerdem können Sie einen intelligenten, neugierigen und relativ leicht erziehbaren Windhund erwarten. Rassebedingt wird er im Haus sehr ruhig sein. Im Freien „mutiert" er dann zum Jäger auf Sicht, der stundenlang den Horizont mit seinen Augen absucht, ob sich eine Gelegenheit zur Jagd bietet. Er ist ein schneller Läufer und braucht viel Bewegung.

Der Nachteil von reinrassigen Hunden besteht darin, dass die Gefahr der Ausprägung von Erbkrankheiten im Vergleich zu Mischlingen höher ist.

Was für ein anmutiges und schönes Tier. Ob es tatsächlich reinrassig ist, kann nur eine Herkunftsanalyse klären.

Herkunft analysieren

Falls Sie eine Herkunftsanalyse planen, so stehen dafür verschiedene Veterinärdiagnostik-Labors zur Verfügung, denen Sie lediglich einen Speichelabstrich zusenden müssen. Im Ergebnis der Analyse erfahren Sie die Art der beteiligten Rassen in %. Im Vorfeld zur Analyse ist es sicher hilfreich, wenn Sie sich mit dem entsprechenden Labor in Verbindung setzen, um die Aussagekraft der Tests bei Mischlingen über mehrere Generationen zu erfragen.

Bei Mischlingen ist oft verborgen, wer in den Vorgängergenerationen „seinen Senf mit dazu gegeben hat". Das macht diese Hunde auch optisch so einzigartig. Bei der Verpaarung kommen Genpools verschiedener Rassen oder Rassegemische zusammen. Die hohe genetische Vielfalt reduziert die Wahrscheinlichkeit des Auftretens von Erbkrankheiten. Dadurch ist anzunehmen, dass Mischlingshunde gesundheitlich weniger anfällig sind und dass ihre Lebenserwartung höher ist als die von ihren reinrassigen Artgenossen.

Wenn Sie einen Mischlingshund aus dem Tierschutz haben, so kann es sein, dass Sie die an der Kreuzung beteiligten Rassen optisch nicht mehr erkennen können. Tierschützer haben hier mehr Erfahrung und können ein paar Anhaltspunkte zu den Rassen der vermeintlichen Paarungspartner mitliefern. Auf den Dokumenten zur Vermittlung des Hundes wird meist vermerkt, um welche Kreuzung es sich bei Ihrem Schützling handeln könnte. Diese Einschätzung ist vage, und sie liefert auch nur grobe Anhaltspunkte über das zu erwartende Verhalten, denn die Ausprägung rassebedingter Erbanlagen und die aufgrund des Aussehens Ihres Hundes vermuteten Paarungspartner müssen nicht zwangsläufig miteinander korrelieren. Ein Dackelmischling, der einem reinrassigen Dackel sehr ähnlich sieht, muss noch lange nicht die berüchtigte Dackelsturheit an den Tag legen, auch seine Jagdleidenschaft kann reduziert sein.

Rasse und Kooperationsbereitschaft

Wenn Sie die eingekreuzten Rassen identifizieren können, so sind vorsichtige Schlüsse über die genetisch fixierte Kooperationsbereitschaft Ihres Hundes mit dem Menschen möglich. Je nach Bedarf wurden von jeher Rassen gezüchtet, die entweder eng mit ihrem Halter zusammenarbeiten, wie Schäferhunde, oder solche, die selbstständig agieren sollen, wie viele Hütehunde und Herdenschutzhunde. Letztere werden nicht sooft den Input des Halters „erfragen", sondern selbst Entscheidungen treffen.

Tierschutz
hat viele
Facetten

Die Not vieler Hunde

Als Hundeliebhaber werden Sie schockiert sein über das immense Leid unzähliger Hunde in Europa. Leider werden viele Menschen ihrer Verantwortung für ein Tier nicht gerecht.

Einer Schätzung zufolge leben ca. 900 Millionen Hunde auf der Welt (Lawson 2022). 200 Millionen davon gelten laut einer WHO-Schätzung als sogenannte Streunerhunde. Streunerhunde waren ursprünglich mit Menschen sozialisiert. Die Nachkommen der Streunerhunde bezeichnet Lawson als wilde Hunde. Diese wachsen ohne menschliche Sozialisation auf. Allein in Westeuropa rechnet man mit ca. 34 Millionen freilaufenden Hunden (Streuner, wilde Hunde, Straßen- und Dorfhunde). Streunerhunde und wilde Hunde sind herrenlos. Bei den Straßen- und Dorfhunden ist die Familienzugehörigkeit undurchschaubar.

Das Image des Hundes ist unterschiedlich

In vielen süd- und osteuropäischen Ländern ist das Leid der Hunde grenzenlos. Das Image der Hunde ist um ein Vielfaches schlechter als hier bei uns. Die Hunde leben dort unter schlechten Bedingungen, oft an einer kurzen Kette und sind Hitze oder Kälte ungeschützt ausgesetzt. Ihre alltägliche Versorgung ist unzureichend, von medizinischer Versorgung

Streunende Hunde einzufangen und qualvoll zu töten, ist in mehr als 50% der europäischen Staaten gängige Praxis.

ganz zu schweigen. Kastrationen werden in der Regel nicht durchgeführt, weil sie als unnatürlich verpönt sind. Wenn die Hunde nicht mehr gebraucht werden oder nicht mehr gewollt sind, so werden sie ausgesetzt (oder gleich erschlagen oder erhängt). Ausgesetzte Tiere in den Problemländern vermehren sich unkontrolliert, was das Hundeleid potenziert. Viele Kommunen versuchen die „Hundeflut" durch grausame Tötungsaktionen in den Griff zu bekommen. Häufig werden sogar Kopfgeldpauschalen pro gefangenem Hund als Anreiz gezahlt.

Von den insgesamt 51 europäischen Staaten werden in mindestens 32, also in mehr als der Hälfte der Staaten, Hunde in gängiger Praxis ausgesetzt. Die Tötung von gesunden Tieren ist offiziell angeordnet oder geduldet, auch wenn teilweise vorhandene Tierschutzgesetze etwas anderes vorgaukeln.

Es wurde längst nachgewiesen, dass Tötungsaktionen die Anzahl der herrenlosen Hunde nicht dauerhaft reduzieren können. Sobald in einem bestimmten Areal freilebende Hunde dezimiert werden, werden Nahrungsressourcen frei, was wiederum die Vermehrung der überlebenden Hunde ankurbelt.

Wie ist die Situation bei uns?

Die Situation bei uns in Deutschland ist im Vergleich zu den Hundenöten im europäischen Ausland noch relativ komfortabel. Bei uns gibt es auf den Straßen der Dörfer und Städte zumindest keine freilebenden und sich wild vermehrenden Hundepopulationen. Wenn ausgesetzte Hunde bei uns aufgefunden werden, so werden sie in ein Tierheim gebracht und gelangen damit in die Obhut des Tierschutzes.

Obwohl das Image der Hunde bei uns in Deutschland im Großen und Ganzen deutlich besser ist als in vielen süd- und osteuropäischen Ländern, so sind wir doch leider nicht von etlichen verantwortungslosen Zeitgenossen verschont: Manche Menschen nehmen enthusiastisch einen Hund bei sich auf, verlieren aber in kurzer Zeit die Lust an ihm und wollen ihn wieder loswerden. Wenn sie dann ihren Hund dem Tierschutz übergeben würden, so wäre das noch relativ verantwortungsvoll. Doch einige Zweibeiner sind tatsächlich der Meinung, dass Autobahnparkplätze die geeigneten Orte sind, um die inzwischen lästig gewordenen Hunde loszuwerden.

Ob abgegeben oder ausgesetzt, für die entsprechenden Hunde beginnt ein Alptraum. Sie können die Welt nicht mehr verstehen. Ihr Zuhause ist weg und damit auch die (unverdient) geliebten Menschen.

Andere Zeitgenossen „sammeln" Hunde (und weitere Tiere) wie andere Briefmarken. Ihre Tiere müssen auf viel zu engem Raum leben, vermehren sich unkontrolliert, werden unzureichend versorgt und liegen im eigenen Dreck. Nach Angaben des Deutschen Tierschutzbundes entdeckten die Behörden im Jahr 2020 59 Fälle mit insgesamt 3 630 Tieren. Durchschnittlich werden pro Fall 62 Tiere befreit (Persönliche Mitteilung des Deutschen Tierschutzbundes 2021). Betroffen sind vor allem Katzen gefolgt von Hunden und Kleintieren.

Illegaler Welpenhandel ist ein boomendes Geschäft auf Kosten der Tiere.

Das Geschäft mit Hunden

Wieder andere Leute schlagen Profit aus dem Handel mit Hunden. Die sogenannten Vermehrer „produzieren“ Welpen in großer Zahl und unter miserablen Bedingungen. Die Welpen werden notdürftig aufgezogen, bis sie – in der Regel viel zu früh – von der Mutter weggenommen und zum Kauf angeboten werden. Der illegale Welpenhandel boomt und funktioniert über die Ländergrenzen hinaus. Auf Internetplattformen werden Fotos und Lügengeschichten (oft auch unter dem Deckmantel des Tierschutzes) über die zum Kauf angebotenen Hunde veröffentlicht. Kaufinteressenten glauben an ein besonderes Schnäppchen, wenn sie den Modehund ihrer Wahl preisgünstig erwerben können. Oder Tierliebhaber möchten einen vermeintlichen Tierschutzhund aus seiner misslichen Lage retten.

Die Käufer bedenken nicht, dass die Tiere oft Krankheiten mitbringen. Kurz vor dem Verkauf werden die Hunde häufig mit Vitamincocktails und irgendwelchen Drogen fit gespritzt. Dadurch sehen sie relativ gesund und mobil aus, doch im neuen Zuhause kommt dann die Krankheit zum Ausbruch. Diese Hunde sind oft nicht mehr zu retten, andere sind aufgrund mangelnder Sozialisierung auf Menschen und Umweltreize während der Aufzucht massiv verhaltensgestört und überfordern ihre Halter. Der Kauf eines Hundes aus so einer Quelle nützt also leider nur den illegalen Tiervermehrern und Welpenhändlern, aber nicht den Tieren.

Tierschutz im In- und Ausland

Aktivitäten von Tierschutzorganisationen oder Einzelkämpfern können den leidenden Hunden helfen. Vermittlungen nach Deutschland werden dabei kontrovers diskutiert.

Tiere vor Quälerei und Missbrauch zu schützen, ist das erklärte Ziel aller Tierschutzinitiativen weltweit, denn allen Tieren steht ein artgerechtes Leben ohne Zufügung von Leiden, Schmerzen, Schäden und unnötigen Beeinträchtigungen zu. Soweit die Theorie.

Tierschutz ist bei uns in Deutschland und in den meisten europäischen Staaten gesetzlich im Tierschutzgesetz geregelt. Verstöße gegen gesetzliche Regelungen werden bei uns zumindest theoretisch hart bestraft. Dazu gibt es eigens einen Bußgeldkatalog (Quelle Seite 184), der teilweise recht empfindliche Strafen vorsieht. Beispielsweise kann das Aussetzen eines Hundes mit einem Bußgeld von bis zu 25 000 Euro bestraft werden.

Papier ist geduldig

Doch gehen die gesetzlichen Regelungen oft nicht weit genug und sie allein können den Tieren nicht helfen, solange es keine strengen Kontrollen der Einhaltung gibt.
Dennoch verfügt Deutschland über ein relativ gut funktionierendes Tierschutznetz. Hunde, die aus den verschiedensten Gründen ihren Besitzer verlieren, werden von Tierheimen, die überwiegend dem Deutschen Tierschutzbund e. V. als Dachverband angehören, aufgenommen. Tierheimen und Tierschutzorganisationen ist es zu verdanken, dass viele auch nicht vermittelbare Hunde Obdach haben, weder Hunger noch Durst leiden müssen und medizinisch versorgt werden. Ein richtiges Zuhause kann das jedoch nicht ersetzen.

In den meisten europäischen Ländern steckt der Tierschutz noch in den Kinderschuhen oder fehlt gänzlich, obwohl sich das Europäische Parlament auf seiner Internetseite für die weltweit höchsten Standards für Nutz- und Labortiere, wildlebende Tiere und Haustiere rühmt. Die Europäische Union würde als Vorreiter in Sachen Tierschutz gelten – aber Papier ist geduldig.

Tierschutz vor Ort ist der Schlüssel

Tierschutzorganisationen sowie zahlreiche tierliebe und selbstlose Einzelpersonen im In- und Ausland bemühen sich aufopferungsvoll, um das Leid der Hunde in den armen Ländern Süd- und Osteuropas zu reduzieren. Dabei kommt der Tierschutzarbeit vor Ort die größte Bedeutung zu. Eine Reduzierung der Vermehrung durch Kastration oder Sterilisation ist wohl die wichtigste Maßnahme überhaupt, um in den europäischen Problemländern der unkontrollierten Vermehrung von ausgesetzten und damit streunenden Hunden Einhalt zu gebieten. Des Weiteren unterstützen seriöse Tierschutzorganisationen den Tierschutz im Problemland durch Geld- und Sachspenden für die Ernährung und Versorgung der Hunde. Sie helfen beim Bau und der Sanierung von Tierheimen. Außerdem ist Aufklä-

So, und jetzt bekommst du ein besseres Zuhause.

Tierschutzinitiativen sind alternativlos

Die einzige und beste Hilfe, die notleidende Hunde erwarten können, kommt vom Tierschutz, von Einzelpersonen und von Tierschutzorganisationen.

rungsarbeit an Schulen und an jeder sich bietenden Gelegenheit sehr wichtig, um ein Umdenken in der Bevölkerung zu erreichen. Jeder – im In- und Ausland – muss so schnell wie möglich begreifen, dass Tiere Mitgeschöpfe sind und auch als solche behandelt werden müssen.

Das langfristige Ziel aller Tierschutzmaßnahmen in Europa muss die Beendigung des Tierleids im jeweiligen Land selbst sein. Tiervermittlungen nach Deutschland sind eine ergänzende Hilfsmaßnahme, um die knappen Kapazitäten, die in privaten Tierheimen und Pflegestellen im Ausland herrschen, zu entlasten.

Vermittlung außer Landes – umstritten

Die Aktivitäten der Tiervermittlung aus dem Ausland nach Deutschland (und in andere aufnahmewillige Staaten) sind oft in berechtigter Kritik. Sie mögen gut gemeint sein, doch sie dienen oftmals nicht dem Glück der Hunde – und in solchen Fällen dann auch nicht dem Glück der entsprechenden Adoptanten. Wilde Hunde, die nur die Freiheit kennengelernt haben und weder auf Menschen noch auf die Herausforderungen der städtischen Zivilisation vorbereitet sind, können sich oft im neuen Umfeld nicht wohl fühlen und leiden daher. Diese Tiere sind nach Kastration und Sterilisation sowie medizinischer Betreuung und Versorgung besser im angestammten Gebiet aufgehoben. Dem Tierschutz kommt die besondere Verantwortung zu, nur solche Tiere nach Deutschland zu bringen, die auch „vermittelbar“ sind und sich in einem häuslichen Umfeld integrieren können. Nur so kann die Vermittlung für beide Seiten erfolgreich sein.

Der Tierschutz und seine schwarzen Schafe

Was unterscheidet den seriösen Tierschutz vom dubiosen? Wer hilft wie im In- und Ausland?

Im Grunde gibt es neben dem seriösen und dem dubiosen Tierschutz noch eine dritte Kategorie: die seriöse Tiervermittlung ohne nachhaltige Aktivitäten in den Problemländern.

Wenn Profit erwirtschaftet wird …

Doch schwarze Schafe gibt es überall. Ein „Tierschutz-Etikett" stimmt hilfsbereite und tierliebe Menschen noch aufnahmebereiter, was Geschäftemacher skrupellos ausnutzen. Die Frage ist: Ab wann müssen Tierschutzorganisationen und -vereine als dubios eingestuft werden? Die Antwort: Sobald sie Profit erwirtschaften, der in private Taschen fließt. Solche Praktiken gehen immer auf Kosten der Tiere und auch der adoptionswilligen Hundefreunde. Potenzielle Profitquellen ergeben sich beispielsweise aus offiziell deklarierten Vermittlungsgebühren, die höher sind als Ausgaben, die für die entsprechenden Hunde getätigt wurden. Das ist nur dann möglich, wenn kostenintensive, aber notwendige Untersuchungen und Behandlungen ausbleiben und entsprechende Dokumente für die Einreisen unvollständig oder sogar gefälscht übergeben werden. Eine zweite Möglichkeit der unredlichen Profiterwirtschaftung ergibt sich aus der Veruntreuung von Spendengeldern.

Schwarze Schafe im Internet

Viele, eigentlich alle, Websites der Tierschutzvereine, veröffentlichen grausame Geschichten vom Schicksal der Straßenhunde untermauert durch Fotos leidender Hunde. Bis dahin entspricht leider alles der grausamen Wahrheit. Diese Art der Veröffentlichung umklammert den Betrachter mit psychologischem Geschick und appelliert an sein Mitgefühl und Fürsorgeinstinkt (ganz besonders wenn es sich um Welpen handelt). Kranke und halb verhungerte Hunde, zusammen gepfercht in engen Käfigen – quasi bereit zum Abtransport in die Tötungsstationen – erregen nicht nur Mitleid, sondern induzieren auch Entrüstung und motivieren zur solidarischen Hilfe durch Spenden (Wie kann man auch sonst helfen?). Das ist so beabsichtigt, entspricht den Tatsachen und ist deshalb auch völlig in Ordnung, solange die Empfänger der Spenden, also in erster Linie die Tierschutzorganisationen und -vereine, verantwortungsbewusst mit Vermittlungen und Spenden umgehen. Bei sehr vielen Vereinen und Organisationen ist das der Fall, doch leider gibt es immer wieder die berühmten schwarzen Schafe oder Trittbettfahrer, die nicht davor zurückschrecken, auch leidvolle Situationen für ihre Geschäfte auszunutzen. Diese Trittbrettfahrer zu identifizieren, ist sehr schwer.

Welcher Internetauftritt spricht für seriösen Tierschutz?

Verantwortungsvolle Tierschutzarbeit kann keinen Profit erwirtschaften, im Gegenteil, der Bedarf an Einnahmen für die Versorgung, Rettung, Behandlung und Vermittlung von Hunden wird immer höher sein als das finanzielle Budget, das zur Verfügung steht. Darüber hinaus gibt es weitere Kriterien, die verantwortungsvolle Tierschutzorganisationen kennzeichnen und bei Nichterfüllung sofort Misstrauen erwecken sollten (Quelle Seite 185 f.):

- Ist die Organisation ein im Vereinsregister eingetragener Verein (e. V.) und als gemeinnützig anerkannt?
- Gibt es auf der Internetseite ein korrektes Impressum?
- Name und Anschrift des Betreibers bzw. Website-Verantwortlichen; bei Unternehmen: Unternehmensname, Rechtsform, Vor- und Nachname der Vertretungsberechtigten des Geschäftes
- Unternehmenssitz des Seitenbetreibers inklusive Adresse, kein Postfach
- Kontaktdaten (Telefonnummer, Faxnummer, E-Mail-Adresse), Kontaktaufnahme muss direkt möglich sein und nicht über Drittanbieter
- Name und Anschrift des Registers, in welchem das Unternehmen eingetragen ist (z. B. Vereinsregister)
- Angaben zur Rechtsform, z. B. Verein
- Ist Transparenz gewährleistet?
- Existieren auf der Internetseite Auskünfte über die Teammitglieder und Ansprechpartner?
- Werden Jahresberichte veröffentlicht?
- Werden Partnertierheime angegeben?
- Wird klar, wofür Spendengelder ausgegeben werden?
- Werden Hunde aller Altersklassen zur Vermittlung angeboten? Wenn nur Welpen angeboten werden, so liegt der Verdacht des Welpenhandels nahe.
- Wenn jeder Hund als lieb, unkompliziert und menschenbezogen beschrieben wird, ist was faul.
- Welche Aktivitäten werden vor Ort durchgeführt oder zumindest mit Geld- und Sachspenden unterstützt?

Einzelkämpfer für den Tierschutz

Viele kleine Tierschutzinitiativen haben sich ausschließlich oder zumindest vorrangig der Vermittlung von Hunden nach Deutschland verschrieben. Solche Vereine sind nicht zwangsläufig dubios. Oftmals sind diese Tierschützer extrem engagiert, sogar engagierter als Mitarbeiter in großen Organisationen. Es sind zumeist Einzelkämpfer, die alles in ihrer Macht stehende tun, um mit ihren Mitteln inklusive privatem Vermögen und Möglichkeiten (Unterbringung von Hunden in ihrem Zuhause) wenigstens einige Hunde retten zu können. Das kann ganz verantwortungsvoll ablaufen, was dann uneingeschränkten Respekt verdient.

Was seriöse Tierschutzarbeit kennzeichnet

	Seriöser und nachhaltiger Tierschutz	Seriöse Tiervermittlung ohne Vor-Ort-Unterstützung	Dubioser „Tierschutz“
Ziel	*Langfristig: Rettung möglichst aller Hunde durch nachhaltige und effiziente Reduktion von Tierleid in Problemländern*	*Vermittlung leidender Hunde nach Deutschland und bei Bedarf auch innerhalb von Deutschland*	*Erwirtschaftung von Profit, für private Taschen*
Profit wird erwirtschaftet durch:	–	–	*Veruntreuung von Schutz- bzw. Vermittlungsgebühren, Spendengeldern und Geldern für Patenschaften*
Aktivitäten in Problemländern	*Durchführung und/oder finanzielle Unterstützung von: Kastrations- /Sterilisationsprojekten*	–	–
	Aufklärungsarbeiten vor Ort	–	–
	Hilfsmaßnahmen vor Ort (Bau/ Reparatur von Tierheimen, Tierklinik etc.)	–	–
	Geld- und Sachspenden für die Tierschutzarbeit vor Ort (Futter, Decken, u. a. Equipment für die Tierheime)	*Keine oder limitierte Geld- und Sachspenden für die Tierschutzarbeit vor Ort*	–
Tiervermittlung	*Verantwortungsvoll, vermittelt Hunde aus dem In- und Ausland*	*Verantwortungsvoll, Vermittlung von Hunden überwiegend aus dem europäischen Ausland*	*Verkauf und Verramschen von Hunden*
	Wahrheitsgemäße Beschreibungen von Gesundheitszustand und Wesen der Hunde zur Vermittlung	*Wahrheitsgemäße Beschreibungen von Gesundheitszustand und Wesen der Hunde zur Vermittlung*	*Attraktiv klingende Lügengeschichten, um den Verkauf der Hunde anzukurbeln*
	Alle Altersklassen	*Alle Altersklassen*	*Vorrangig Welpen*
Vermittlungsprozess	*Umfassende Beratung der Adoptanten (auch für Inlandhunde), teilweise Kontrolle der Haltungsbedingungen vor und nach der Adoption, „Rücknahmegarantie“*	*Limitierte Unterstützung, oft ist die Rücknahme erfolglos vermittelter Tiere nicht möglich*	*Keine Unterstützung nach Verkauf, kein „Rückgaberecht“*
Vorbereitung des Transfers von Hunden nach Deutschland	*Professionelle medizinische Versorgung (Impfungen, Parasitenbehandlung), Bereitstellung aller erforderlichen Dokumente*	*Bestmögliche Behandlung und Bereitstellung von Dokumenten, unterschiedliche Professionalität je nach Verein und Erfahrungen der Tierschützer*	*Unzureichende Versorgung der Tiere, oft gefälschte Dokumente*
Gesamteinschätzung	*Seriöse und verantwortungsvolle Tierschutzarbeit*	*Gut gemeint und hilfreich für etliche Hunde*	*Betrug auf Kosten der Tiere und der Käufer, jeder Kauf führt zu mehr Tierleid durch „Nachproduktion“*

Start im neuen Zuhause

Die ersten Stunden im neuen Zuhause

Alle sind gespannt auf den Familienzuwachs und Ihr Vierbeiner ist aufgeregt in seinem neuen Umfeld. Wie Sie ihm die ersten Stunden erleichtern können, erfahren Sie hier.

Vielleicht hatten Sie vor der Adoption schon Gelegenheit, den Hund Ihrer Wahl ein paar Mal im Tierheim zu besuchen und mit ihm spazieren zu gehen, sodass sie sich nicht mehr ganz fremd sind. Das wäre für sie beide sehr günstig.

Am Tag der Adoption, wenn Sie Ihren Hund gerade aus dem Tierheim geholt oder von einer anderen Pflegestelle übernommen haben, empfiehlt sich ein Spaziergang in ruhiger Umgebung, bevor Sie mit ihm Ihre Wohnung betreten. Die Bewegung außerhalb der Tierheimunterkunft hilft Ihrem Hund „runterzukommen", also Stress durch Bewegung abzubauen. Auch Ihnen wird der Spaziergang aus demselben Grund gut tun, um etwas zu entspannen und Aufregung abzubauen.

Zuhause angekommen, führen Sie Ihr neues vierbeiniges Familienmitglied am besten angeleint erstmal durch die Wohnung, sodass er sich in Ruhe umgucken kann. Lassen Sie sich Zeit dabei. Die Führung an der Leine verhindert wildes „Herumwuseln", das ihn in Aufregung bringt. Nach der Führung durch die Wohnung zeigen Sie ihm noch seinen Wassernapf und begleiten ihn schließlich auf seinen Ruheplatz und belassen ihn dort.

Die Vorteile einer Hausleine

Es ist günstig, wenn Ihr Hund während der gesamten Eingewöhnungsphase im Haus ein Geschirr mit einer kurzen Leine trägt.

Geschirr und Leine sollen besonders leicht und bequem sein und nur im Haus getragen werden. Für den Spaziergang benutzen Sie ein anderes Equipment. Die Hausleine sollte keine Schlaufe am Ende haben, um ein Hängenbleiben Ihres Hundes zu vermeiden. An der Leine können Sie Ihren Hund bei Bedarf bequem, relativ schnell und ruhig ohne direkten Körperkontakt leicht von A nach B führen. Vielleicht wollen Sie ihn von Ihrem Sofa herunterführen, weil er da nichts zu suchen hat. Ohne Leine müssten Sie Ihren Hund zwecks gewünschter Positionsveränderung berühren (schieben, schubsen oder was auch immer) oder körpersprachlich oder verbal agieren. Wenn Sie ihn berühren, unterschreiten Sie seine

Individualdistanz

Das ist der Abstand zum jeweils anderen Sozialpartner, bei dem sich Ihr Hund noch wohl fühlt. Die absolute Individualdistanz zu Ihnen und zu anderen Sozialpartnern richtet sich nach der Ängstlichkeit des Hundes und verringert sich mit dem Vertrautwerden.

Individualdistanz, was er als Bedrohung auffassen kann. Ein körpersprachlich angeleitetes Wegschicken, in dem Sie in die gewünschte Richtung zeigen, würde Sie beide in der Anfangsphase überfordern.

Strahlen Sie Ruhe aus

Verhalten Sie sich ganz normal und ungezwungen, und gehen Sie Ihren normalen Tätigkeiten nach, ohne den Hund zu beachten oder gar auf ihn einzureden. Wenn Sie ihm ständig Aufmerksamkeit schenken, wird er die Beobachtung natürlich bemerken und sich vielleicht zu irgendetwas aufgefordert fühlen und denken: „ Was will sie/er nur von mir?".

Vermutlich wird Ihr Hund nicht sehr lange auf seinem Ruheplatz bleiben. Wenn er relativ ruhig die Wohnung nochmal allein inspizieren will, so lassen Sie ihn, ohne ihn zu beachten. Wenn er dagegen sehr aufgeregt wirkt, dann nutzen Sie die Hausleine und bringen Sie ihn ruhig und kommentarlos auf seinen Platz zurück.

Wenn er von sich aus zur Ruhe gekommen ist, so können Sie ihn mit ruhigen Worten loben (ohne zu ihm zu gehen, ohne Blickkontakt). Den Wortlaut versteht er natürlich nicht, wohl aber den ruhigen und freundlichen Klang Ihrer Stimme. Gehen Sie anschließend wieder anderen Dingen nach. Immer mal wieder kurze Phasen der Interaktion mit dem Hund gefolgt von längeren Ruhephasen, in denen er sich unbeobachtet fühlt, helfen ihm, zur Ruhe zu kommen.

Dosieren Sie die Kontakte

Wenn Kinder oder Senioren zu Ihrer Familie gehören, so ist es wichtig, die Interaktionen Ihres Hundes mit dieser Personengruppe zu beobachten. Niemand darf den Hundeneuling bestürmen. Erklären Sie Ihrem Kind, dass Ihr Hund Zeit braucht, um sich im neuen Zuhause zurechtzufinden und zu orientieren. Wenn Ihre Kinder noch zu klein sind, um die Situation zu verstehen, dann können Sie zur Vorsicht Hund und Kinder räumlich trennen. Was Sie bei der räumlichen Trennung unbedingt beachten sollten, erfahren Sie auf Seite 146. Wenn sich die Kontaktaufnahme zu Ihrem Hund schwierig gestaltet, weil er sich lieber zurückzieht, um Berührungen zu vermeiden, so gehen Sie wie auf Seite 126 beschrieben vor.

Es ist verständlich, dass nicht nur die Familienmitglieder, sondern auch Ihr Freundes- und Bekanntenkreis Ihren neuen Hund kennenlernen wollen. Bedenken Sie jedoch, dass unheimlich viel Neues auf Ihren Hund einstürmt, was er verarbeiten muss. Deshalb sollte er in den ersten Wochen im neuen Zuhause wirklich nur zu Ihnen als Besitzer und zu den bei Ihnen im Haushalt lebenden Personen Kontakt haben. Das ist für ihn Stress genug. Wenn er sich später an die neue Situation gewöhnt hat, dann kann er auch wohldosiert dem Freundeskreis vorgestellt werden.

Ist Ihr Grundstück ausbruchssicher?

Wenn Sie einen Garten haben, in dem Ihr Hund sich lösen und auch austoben kann, so prüfen Sie diesen hinsichtlich seiner Ausbruchssicherheit.

Es gibt unter Hunden wahre Kletterkünstler, die selbst sicher geglaubte Umgrenzungen geschickt überwinden können. Andere mögen sich aufs Buddeln oder Tunnelgraben verste-

Ist Ihr Hund auch so ein Kletterkünstler?

hen oder sich zwischen enge Zaunlatten durchzwängen. Sie müssen Ihr Grundstück nicht nach Fort-Knox-Richtlinien absichern, trotzdem empfiehlt es sich, auf eine hundesichere Umgrenzung Ihres Grundstücks zu achten. Im Allgemeinen reicht eine Zaunhöhe, die 2- bis 3-mal so hoch ist wie ihr Hund. Die Zaunlatten sollten eng genug aneinander stehen, dass Ihr Hund sich nicht hindurchzwängen kann. Um ein Darunter-hindurch-Buddeln zu vermeiden, ist es wichtig, dass Ihr Zaun tief genug befestigt ist, am sichersten ist ein Fundament unter dem Zaun.

Solange Sie sich hinsichtlich der Verlässlichkeit Ihrer Umgrenzung unsicher sind, empfiehlt es sich, dass Sie in den ersten Tagen der Eingewöhnung Ihren Hund auch im Garten gut beobachten. Lassen Sie ihn zunächst an einer langen Leine, die Sie später entfernen, den Garten inspizieren. Es wäre nicht ungewöhnlich, wenn er versucht auszubrechen. Er befindet sich in der Fremde und es ist nachvollziehbar, dass er sein altes Zuhause sucht und dorthin zurück will, auch wenn es dort nicht schön war.

Wenn es ihm gelingen sollte auszubrechen, so könnte das fatale Folgen für ihn und auch für Sie haben. Ihr Hund kann im Suchen schnell die Orientierung verlieren und nicht zu Ihnen zurückfinden. Warum sollte er Sie auch suchen, er hat noch keine Bindung zu Ihnen aufgebaut. Seine neue Umwelt ist voller fremder Eindrücke, Gerüche und Geräusche. Das kann ihn in Panik versetzen, was ihn zur Flucht veranlasst. Bei seiner Flucht würde er weder auf die Richtung noch auf irgendwelche Orientierung und schon gar nicht auf den Straßenverkehr und sonstige Gefahrenquellen achten. Er könnte dabei einen Unfall verursachen, bei dem er nicht nur selbst zu Schaden kommt, sondern auch andere Verkehrsteilnehmer Schaden nehmen.

Die Eingewöhnung Ihres Hundes

Kleine Managementmaßnahmen und Verhaltensregeln können die Weichen für eine gute Eingewöhnung Ihres Hundes stellen. So sorgen Sie für Sicherheit und eine stressarme Integration ins Familienleben.

Ihr Hund braucht einen geeigneten Schlafplatz, sprich Rückzugsort, denn er benötigt in Abhängigkeit seines Alters 16 bis 18 Stunden Ruhezeit täglich.

Einen guten Ruheplatz finden

Wo in Ihrem Haus der Rückzugsort sein kann, ist von Ihren Gegebenheiten abhängig. Es sollte ein Ort in der Nähe Ihres Sitzbereiches sein, aber doch an einer ruhigen Stelle. Während der Ruhephasen darf er von niemandem gestört werden, auch die im Haushalt lebenden Kinder müssen das respektieren. Der Schlafplatz sollte an einer Stelle sein, die strategisch nicht besonders brisant ist, d. h. er soll und muss nicht ständig alles überblicken und kontrollieren können, was sich im Haus so abspielt. Das könnte ihn verleiten, eine Kontrollfunktion zu übernehmen, die ihm nicht zusteht und ihn überfordern würde.

Vielleicht ziehen Sie in Erwägung, Ihren Hund mit auf Ihre Couch oder sogar ins Bett zu nehmen. Dies wäre ein großes Privileg für Ihren Hund, was er missverstehen könnte. Welche Probleme sich daraus ergeben können, wird auf Seite 151 f. näher diskutiert. Vielleicht geben Sie Ihrem Hund unmittelbar nach der Adoption nicht zu viele Rechte auf einmal. Warten Sie erst ab, wie sich Ihre Zweisamkeit entwickelt.

Ob Sie den Namen ändern?

Ihr adoptierter Hund hat zum Zeitpunkt der Übernahme einen Namen vom Tierschutz bekommen oder aber man konnte seinen früheren Namen in Erfahrung bringen, was bei Abgabetieren der Fall sein kann. Sie können den Namen natürlich ändern. Allerdings sollten Sie berücksichtigen, wie lange der Hund seinen Namen schon gewöhnt war. Wenn Sie

Ein Beispiel

Eine meiner Dackelmixhündinnen hieß 6 Jahre lang bis zur Adoption Susi. Wir hatten uns zur Umtaufe entschieden und nennen sie nun Lucy. Unsere Hundedame hatte unserer Meinung nach kein Problem, ihren neuen Namen zu akzeptieren, vielleicht hat sie die Nuance der Veränderung auch gar nicht bemerkt. Unsere zweite Hundedame, Lilly, haben wir nicht umgetauft, nur die Schreibweise etwas angepasst….

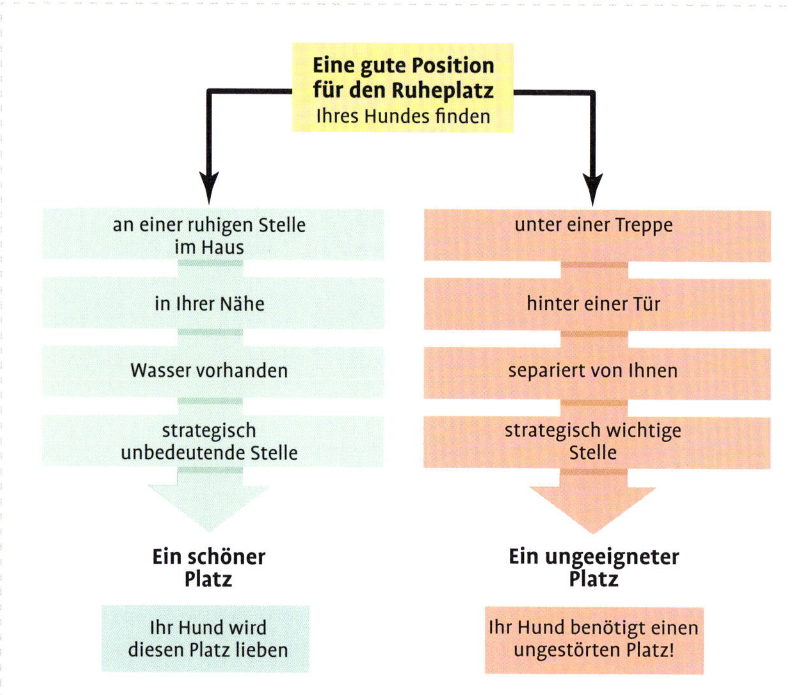

Welcher Ruheplatz ist für Ihren Hund geeignet?

z. B. ein älteres Abgabetier bei sich aufgenommen haben, so wurde es schon jahrelang mit seinem alten Namen angesprochen. In diesem Fall können Sie sich eventuell mit seinem ursprünglichen Namen anfreunden, oder Sie nehmen einen Namen, der sehr ähnlich klingt.

Es ist gut, wenn Sie den Namen Ihres Hundes immer wieder ins Spiel bringen (unabhängig, wie alt er zum Zeitpunkt der Adoption ist), natürlich nur mit lobenden Worten. Das ist besonders dann von Vorteil, wenn mehrere Hunde in Ihrem Haushalt leben, und Sie jeden separat ansprechen wollen. Sie können Ihren Hund auch gut mit Futterbröckchen an seinen (neuen) Namen gewöhnen, indem Sie seinen Namen sagen und zeitgleich das Leckerchen anbieten. Machen Sie das ruhig mehrfach hintereinander, so wird der Name „schmackhaft". Ganz nebenbei trainieren Sie auch gleich noch seine Aufmerksamkeit.

Wenn Sie Ihren Hund zu sich rufen, so sagen Sie am besten zuerst nur seinen Namen und warten Sie ab, ob er aufmerksam auf Sie reagiert. Anschließend können Sie ihn dann mit dem Heranruf-Kommando ihrer Wahl zu sich rufen.

Erstmal das Geschirr …

Vermutlich ist das Anlegen eines Geschirrs kein Problem, denn Sie haben Ihren Hund bereits mit entsprechendem Leinenequipment aus dem Tierschutz abgeholt. Falls Sie wider Erwarten doch einige Probleme beim Geschirranlegen und Anleinen bekommen sollten, so können Sie wie folgt vorgehen:

„Ein schönes Plätzchen zum Entspannen."

- Machen Sie das Geschirr interessant indem Sie es mit etwas wohl Riechendem wie Wurst oder Pansen einreiben.
- Lassen Sie ihn daran schnuppern und belohnen das reichlich.
- Nun ziehen Sie das Geschirr über den Kopf. Das ist meist der sensibelste Schritt beim Anlegen, besonders dann, wenn das Geschirr ein relativ breites Rückenteil hat. Drehen Sie es daher um 90°, sodass die breite Fläche des Geschirrs nicht direkt über den Kopf gezogen werden muss, sondern seitlich am Kopf vorbei.
- Seien Sie nicht zu übervorsichtig, sondern bestimmt und souverän.
- Belohnen Sie jeden einzelnen Schritt.
- Legen Sie Ihrem Hund in den ersten Tagen das Geschirr immer vor der Fütterung an, bis er sich daran gewöhnt hat. Damit verknüpft er das Geschirr mit dem Futter, also mit etwas Gutem.
- Sollten Sie mit einem Geschirr gar nicht klar kommen, so testen Sie ein Halsband. Das ist aber nur eine Notlösung.

Achten Sie auf ein gut sitzendes „Anlein-Equipment", aus dem er sich nicht allein herauswinden kann. Ein Sicherheitsgeschirr – auch Panikgeschirr genannt – mit zusätzlichem Verschluss im Bauchbereich ist gut. Leinen Sie Ihren Hund in den ersten Wochen auf den Spaziergängen keinesfalls ab.

Wenn Sie kein Panikgeschirr haben, so empfiehlt sich die doppelte Sicherung Ihres Hundes mit einem normalen Geschirr und einem Halsband. Klicken Sie die Leine sowohl am Geschirr als auch am Halsband ein.

... dann gehen wir mal Gassi

Gehen Sie in den ersten Tagen nach der Adoption mehrfach täglich mit Ihrem Hund kurze Strecken spazieren, sodass er sich immer wieder lösen kann. In aufregenden Situationen, wie es die Eingewöhnungsphase ist, mag die Blase noch einmal öfter drücken als sonst. Starten Sie wenn möglich mit ruhigen und abgelegenen Routen über Feld und Flur oder in einem Park. Wenn Ihr Hund nicht besonders ängstlich ist, so können Sie mit ihm auch belebtere Gegenden aufsuchen.

Sie werden merken, dass Ihr Hund extrem aufmerksam ist. Alles ist wichtig und interessant für ihn, Sie selbst sind es vermutlich weniger. Seien Sie deshalb nicht frustriert, die ersten Tage in einer fremden Umgebung sind für Ihren Hund anstrengend. Wenn Sie einen ehemaligen Straßenhund bei sich aufgenommen haben, so war es für ihn immer ganz wichtig, vielleicht sogar überlebenswichtig, die Geschehnisse um ihn herum genau zu beobachten und einzuschätzen. Er musste wachsam sein, ob und wann Gefahr droht, um eventuell entsprechend zu reagieren. Auch Hunde aus anderen Herkunftsquellen müssen ihre neue Umwelt erstmal genau inspizieren.

Benutzen Sie während der Eingewöhnungsphase Ihres Hundes am besten für den Hin- und Rückweg dieselbe Route. Auf dem Hinweg lassen Sie ihn erstmal gucken und schnuppern. Der Rückweg ist ihm dann bereits bekannt, sodass Sie ihn nach einigen Tagen in Ihrem Zuhause jeweils auf dem Rückweg zur Aufmerksamkeit auf Sie motivieren können (Seite 53 f.).

Bedenken und vergleichen Sie die klimatischen Verhältnisse im Herkunftsland Ihres Hundes mit denen bei sich zu Hause. Hunde, die warme Regionen gewohnt waren und nicht mit einer besonders üppigen Felldichte ausgestattet sind, können in der kalten Jah-

Ein Sicherheits- oder Panikgeschirr wie dieses hat einen zusätzlichen Gurt um den Bauchbereich. Es verhindert das Herauswinden des Hundes in Paniksituationen.

Ein Mantel schützt Hunde in kalten Regionen und Jahreszeiten. Das schätzen nicht nur Hunde, die aus wärmeren Regionen stammen, sondern auch einheimische „Frostbeulen".

reszeit auf den Spaziergängen etwas Zusatzwärme in Form eines Mantels oder Jäckchens vertragen. Auch ältere und kleine Hunde frieren leicht und werden sich deshalb kaum über ein wärmendes Outfit beschweren.

Erste Begegnungen …

Je nachdem wie menschengewohnt oder menschenscheu Ihr neues Familienmitglied ist, sollten Sie in der Anfangsphase bei Ihren Spaziergängen darauf achten, wie Ihr Hund auf Passanten, Jogger etc. reagiert. Besonders in der Dämmerung und Dunkelheit kann Ihr Hund durchaus auf die Idee kommen, andere Passanten auf Abstand halten zu wollen, denn mit dem Dunkelwerden (Jagdzeit) erhöht sich automatisch die Wachsamkeit Ihres Hundes. Er kann dadurch unbekannte Personen oder Dinge anbellen oder auch attackieren wollen.

Angenommen Ihr Hund zeigt keinerlei Auffälligkeiten bei der Begegnung mit Passanten, so können Sie die Abstände natürlich verringern.

Unmittelbar nach der Adoption müssen Sie auch das Sozialverhalten Ihres Hundes anderen Hunden gegenüber kennenlernen. Ehemalige Straßenhunde sind in der Regel gut mit Hunden sozialisiert. Bei Tierschutzhunden aus anderen Quellen kann sich das ganz anders verhalten. Bei der Vermittlung wurden Ihnen vermutlich schon einige Informationen dazu gegeben. Trotzdem ist es vernünftig, sich schrittweise vorzutasten. Bedenken Sie auch, dass das Verhalten Ihres Hundes auch Ihrem unbewussten Einfluss auf ihn unterliegt (S. 42 und 72 f.).

Tipp

Wenn Sie noch nicht wissen, wie Ihr Hund auf andere Spaziergänger und Hunde reagiert, so achten Sie zunächst auf einen ausreichend großen Abstand. Berücksichtigen Sie dabei das Körpergewicht Ihres Hundes und Ihre Standfestigkeit, sodass Ihr Hund Sie nicht zum Gegenüber hinziehen kann.

Die Sache mit dem Futter

In Abhängigkeit vom Vorleben Ihres Hundes wird Futter vermutlich eine ganz wichtige Rolle spielen. Wer einmal Hunger gelitten hat, weiß Nahrung besonders zu schätzen.

Wenn Sie Ihrem Hund in der Eingewöhnungsphase den Napf mit dem Futter hinstellen, so entfernen Sie sich anschließend am besten – zunächst nur innerhalb des Raumes, um ihn beobachten zu können. Vermutlich schlingt er es so schnell wie möglich in sich hinein, um nur nichts hergeben zu müssen. Es kann aber auch ganz anders kommen. Ihr Hund könnte die Futteraufnahme in Ihrer Gegenwart nicht

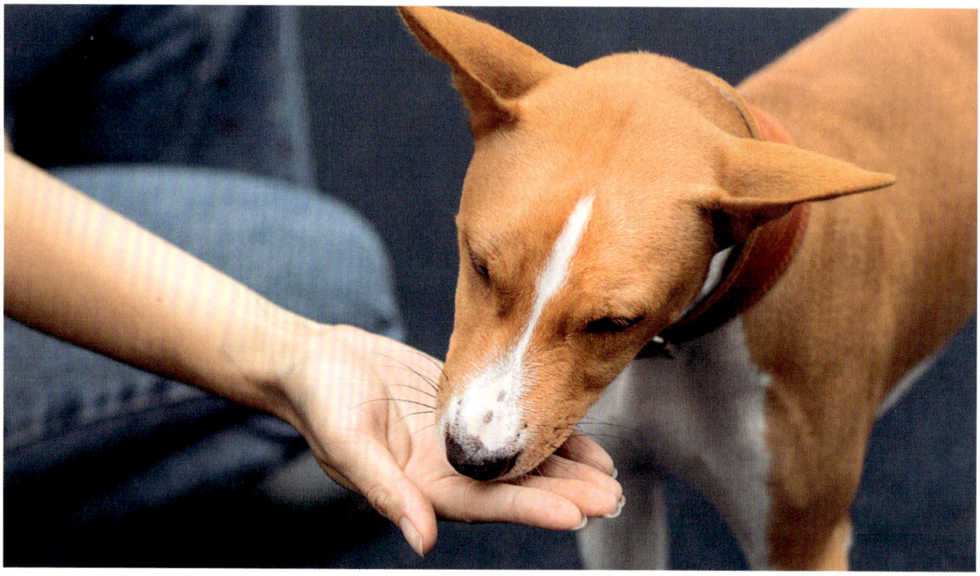

Wenn Sie Ihren Hund aus der Hand füttern, so ist das beziehungsfördernd.

wagen. Entweder ist seine Angst größer als sein Hunger oder aber er ist sehr höflich und glaubt, dass Sie Anspruch anmelden könnten. Dann würde er demütig abwarten wollen, ob Sie für ihn etwas übrig lassen. In diesem Fall kann es besser sein, wenn Sie den Raum für eine gewisse Zeit verlassen. Sollte er nach etwa 15 Minuten Ihrer Abwesenheit noch immer nichts gefressen haben, so entfernen Sie den Napf mit dem Futter zunächst. Stellen Sie ihm den Napf in den ersten Tagen nach der Adoption nochmal zur Nacht hin. Vielleicht braucht er eine lange Phase ohne Beobachtung, um die Futteraufnahme zu wagen.

Die Reaktion Ihres Hundes im Zusammenhang mit Futter kann aber auch ganz anders ablaufen. Wenn Sie den Napf mit dem Futter vor Ihren Hund abstellen und selbst noch zu nah am Futter stehen, könnte Ihr Hund Sie anknurren, um Sie zum Weggehen zu bewegen. Dieser Hundetyp hat früher gelernt, dass aggressive Gesten zum Erfolg führen können. Achten Sie darauf, dass Sie einem solchen Vertreter den Napf hinstellen und sich umgehend vom Napf wegbewegen, vielleicht sogar den Raum verlassen. Vermutlich verschwindet dieses Knurrverhalten, sobald Ihr Hund die Erfahrung gemacht hat, dass ihm in diesem Menschenrudel einmal gereichtes Futter nicht weggenommen wird. Er lernt Sie auch mit jedem Tag besser kennen und wird Vertrauen fassen. Dennoch kann das Füttern eine sensible Prozedur bleiben.

Mit dem Futter haben Sie eine starke Ressource in Ihrer Hand, die Sie vielfältig einsetzen können, auch als Leckerchen. Sie können nach der Eingewöhnung bei Bedarf sogar die komplette Futterration als Trainingsleckerchen einsetzen.

Tipp

Auch Ihr Hund will in Ruhe fressen. Vermeiden Sie deshalb während seiner Futteraufnahme Aktivitäten in seiner unmittelbaren Nähe! Auch Kinder sollen den Hund nicht stören. Ihr Hund könnte sein Futter verteidigen wollen. Kinder sollten ihrem Hund generell nie eine Ressource wegnehmen – nicht das Futter, nicht den Kauknochen und auch kein Spielzeug oder Ähnliches.

Ihr Hund genießt es, dazu zu gehören.

Der Familienalltag, nur jetzt mit Hund

Ein gut strukturierter Alltag mit wiederkehrenden Aktivitäten zu ähnlichen Tageszeiten hilft Ihrem Hund, auch Phasen des Alleinseins gut zu überstehen.

Vermutlich haben Sie sich für die ersten Tage nach Ankunft Ihres Schützlings frei genommen, um genügend Zeit mit ihm verbringen zu können. Das ermöglicht ihnen beiden eine ideale Kennenlernzeit. Leider gehen Urlaubstage immer viel zu schnell vorbei und der Alltag, in dem vermutlich niemand in der Familie ständig zu Hause sein kann, rückt gnadenlos näher. Es ist also wichtig und hilfreich für Ihren Hund, dass er so schnell wie möglich auch das Alleinsein in Ihrem Haus oder Ihrer Wohnung lernt. Bauen Sie von Anfang an immer wieder kurze Phasen Ihrer Abwesenheit ein. Das bietet sich vor allem nach einem Spaziergang und auch nach einem Spiel an. Eine detaillierte Beschreibung zum Thema Alleinsein finden Sie auf Seite 134 f.

Struktur im Alltag hilft

Überlegen Sie nun, wie Ihr Alltag aussehen wird, und strukturieren Sie schon während Ihrer Urlaubszeit die Tage ähnlich. Das könnte folgendermaßen aussehen:

- Aufstehen – Bad etc.
- Gassi-Runde in angemessener Länge (mindestens 30 Minuten).
- Frühstück mit der Familie, Kinder zur Schule schicken.
- Fütterung Ihres Hundes, falls das morgens geschehen soll
- Wohnung verlassen (am Anfang nur kurz).

- Zurückkommen und in der Wohnung die sonst üblichen Aufgaben erledigen.
- Schenken Sie Ihrem Hund während Ihrer Aktivitäten nicht zu viel Aufmerksamkeit, beachten Sie ihn phasenweise nicht.
- Üben Sie das Weggehen mehrfach am Tag bereits während Ihrer Urlaubszeit.
- Dehnen Sie die Abwesenheitsphasen langsam auf die Dauer Ihrer späteren routinemäßigen Abwesenheit aus.
- Am Nachmittag trudelt dann die Familie wieder ein.
- Ihr Hund wird jetzt freundlich, aber ganz ruhig begrüßt und bekommt natürlich Aufmerksamkeit, einen ausgedehnten Spaziergang (je nachdem wie gut er sich schon eingelebt hat), Spiel und Spaß, was möglich ist.
- Dann rüstet sich Ihre Familie zum Abendessen.
- Je nachdem zu welchen Zeiten und wie oft Sie Ihren Hund füttern wollen, bekommt auch er im Anschluss seine Mahlzeit.
- Mindestens vor dem Zubettgehen (vermutlich auch noch einmal zwischendurch) benötigt Ihr Hund eine letzte Gassi-Runde für diesen Tag.

Ihr Hund taut auf

Mit dem Vertrautwerden mit seiner neuen Familie und ihren Wohnverhältnissen wird sich das ursprüngliche Verhalten Ihres Hundes vermutlich ändern. Anfängliche Zurückhaltung oder sogar Angst werden sich mehr oder weniger schnell legen. Er hat schon gelernt, wer so alles ein- und ausgeht in seinem neuen Zuhause, wann Sie Zeit für ihn haben, wann er raus darf, und er weiß auch, wann er Futter erwarten kann. Möglicherweise freut er sich schon riesig, wenn Sie sich mit ihm beschäftigen.

Durch die Überwindung der anfänglichen Scheu wird sein „mitgebrachtes“ Wesen, das das Ergebnis aus dem Zusammenspiel der vererbbaren Komponente und seinen Erfahrungen ist, immer deutlicher (Seite 62). Sein Temperament (erblich) haben sie bestimmt schon entlarvt – ist er ein lustiger Draufgänger oder doch eher ein gemütlicher Typ?

Mit der fortschreitenden Eingewöhnung eines jeden Hundes wächst nun auch der Einfluss seines neuen individuellen Umfeldes, das hauptsächlich durch Ihren Umgang mit ihm bestimmt wird. Ein Hund lernt immer, nicht nur vor dem Eintreffen in Ihre Familie, sondern und gerade auch jetzt im neuen Zuhause. Und das geht schnell. Ruckzuck hat er auch Ihre Schwachstellen identifiziert und wickelt sie gekonnt um seine Pfote. Das muss nicht immer negative Konsequenzen haben, kann aber.

Vermutlich geht es Ihrem Vierbeiner zum ersten Mal so richtig gut – ein kuscheliges Plätzchen und genug Futter zum Sattwerden, Streicheleinheiten ohne Ende, Spaziergänge und viele freundliche Menschen.

In aller Regel nimmt jeder Hund alle ihm gebotenen Privilegien gern an und ist auch nicht abgeneigt, seine Privilegien im neuen Zuhause, sobald sich Gelegenheit dazu bietet, auszudehnen. Dabei unterscheiden sich die Hunde in ihrem „Karriereverhalten“.

Tipp

Wenn Ihr Hund sich in seinem neuen Zuhause eingewöhnt hat, sollte nie ein gefüllter Napf zu seiner ständigen Verfügung bereit stehen. Nur der Boss kann über die wichtige Ressource Futter jederzeit frei verfügen. Wenn Ihr Hund etwas Futter zur Mahlzeit übrig lässt, so nehmen Sie dieses weg, sobald er sich vom Napf entfernt.

Endlich Wochenende, da geht's zum Picknick.

Ist Ihr Hund ein Teamplayer?

Angenommen Sie haben einen Teamplayer adoptiert (Seite 64 f.), so könnte er sich in seinem neuen Zuhause schnell überglücklich zeigen. Er fügt sich wunderbar und völlig problemlos ins Familienleben ein, überwindet nach und nach alle anfänglichen Ängste und ist mit seiner Position im neuen Rudel (Familienverband) sehr zufrieden. Solchen Hunden wird in unserer menschlichen Interpretation oft Dankbarkeit bescheinigt, doch diese gibt es bei Hunden nicht. Hunde leben immer im Hier und Jetzt und vergleichen nicht ihre schlechte Vergangenheit mit der paradiesischen Gegenwart. In dieser Gruppe sind natürlich nicht nur pure Engel zu finden. Besondere Gelegenheiten zur Futterbeschaffung werden nicht verpasst; beispielsweise sieht sich auch ein Teamplayer-Hund gern auf dem Tisch um, ob es was zu holen gibt. Das macht er natürlich heimlich, wenn er allein ist. Vielleicht probiert er auch mal den Fernsehsessel für sein Schläfchen aus oder macht es sich auf der Couch gemütlich. Da kann er auch mal die Aufforderung, den Platz zu räumen „überhören". Diese Hunde würden jedoch die entsprechende Ressource nie aggressiv verteidigen. Sobald sie realisieren, dass ihr Mensch auf seine Ressource besteht, räumen sie das Feld.

Hätte ihr Hund gern das Zepter in der Pfote?

Vertreter der Kategorie „Führungspersönlichkeit" haben dieselbe Chance wie die Teamplayer, sich zum geliebten Familienmitglied zu entwickeln. Wie alle anderen Hunde auch, brauchen sie eine klar strukturierte sowie liebevolle, aber hier besonders konsequente und eindeutige Führung durch ihren Besitzer. Dadurch wird ihnen schnell klar, was erlaubt und erwünscht ist und was nicht. Wichtig ist es, ungewollte Falscherziehung zu vermeiden (Seite 72 ff. und 148 ff.). Bei inkonsequenter Erziehung und unbewusst falscher Verstärkung von Fehlverhalten des Hundes können sich „Rüpel" entwickeln, die sich mehr nehmen wollen als ihnen zusteht. Wenn der Hundetyp „Führungspersönlichkeit" glaubt, er könne seine Familie kontrollieren und die Führung übernehmen, so haben Sie unbewusst falsche und missverständliche Signale gesetzt. Er wäre mit einer Führungsrolle in unserer menschlichen Welt überfordert, könnte nicht entspannen, wäre gestresst und unglücklich. Und Sie hätten unter Umständen einen Terroristen im Haus.

Eine unschöne Verhaltensentwicklung durch unbewusst falschen Umgang mit dem Hund ist auch bei reinrassigen Zuchthunden möglich und hat nichts mit der Tierschutz-Herkunft eines Hundes zu tun. Wie Sie rüpelhaftes Verhalten wieder „gerade biegen" können, wird mit vielen Anregungen und Tipps ab Seite 136 verraten.

Ihr erster Besuch beim Tierarzt

Ein zeitnaher Tierarztbesuch nach der Adoption ist dringend zu empfehlen, um eventuell mitgebrachte Krankheiten zu erkennen.

Sobald Ihr Hund sich im neuen Zuhause etwas eingelebt hat, spätestens nach zwei Wochen, empfiehlt sich ein Gesundheitscheck beim Tierarzt. Ihr Tierarzt benötigt unbedingt alle relevanten Informationen zu Ihrem Hund hinsichtlich seiner Herkunft und wann welche Tests mit welchem Ergebnis durchgeführt worden sind.

Sofern Ihr Hund aus dem deutschen Tierschutz keinerlei Auffälligkeiten zeigt, weder schlapp noch müde ist, normal Kot absetzen kann, ohne Durchfall zu haben, genügt es, die Routine bei einer Untersuchung durchzuexerzieren. Ihr Hund lernt das Wartezimmer und den Tierarzt kennen und alles drum herum. Er wird gewogen, abgehört und abgetastet, es wird Fieber gemessen, in Augen und Ohren geguckt (um eventuell auch Milben zu erfassen), auf die Haut geachtet etc. Loben Sie Ihren Hund, wenn er geduldig die Untersuchung über sich ergehen lässt. Das Lob sollte nicht überschwänglich aussehen, denn er soll auch lernen: Das ist normal und findet auf jeden Fall statt.

Tipp

Ich nehme für meine Hunde eine rutschhemmende Unterlage für den glatten Untersuchungstisch mit. Dazu dient eine handelsübliche, zuschneidbare Decke mit einseitiger Gummierung als Auflagefläche. Eigentlich ist diese Decke als Unterdecke für eine Wachstuchtischdecke gedacht, um deren Rutschen zu vermeiden.

Geben Sie Ihrem Hund Sicherheit

Beim geringsten Anzeichen irgendeines körperlichen Unwohlseins Ihres Hundes wird Ihr Tierarzt von sich aus die Untersuchung intensiver gestalten und z. B. zusätzlich eine Blutuntersuchung veranlassen. Da muss Ihr Schützling dann durch, da hilft alles nichts. Da Sie selbst die Tierarztprozedur ruhig und entspannt meistern, geben Sie Ihrem Hund die nötige Sicherheit, sodass er ebenfalls ruhig bleibt.

Ärztliche Kontrollen müssen sein, um eventuelle Gesundheitsprobleme frühzeitig zu erkennen.

Krankheitsrisiken vermeiden

Tierärztliche Untersuchungen sind sowohl für Ihren Hund als auch für Sie und Ihre Familie wichtig, um die Gefahr einer möglichen Infektion Ihrer Familie auszuschließen.

Allein durch die Anwesenheit von infizierten Hunden können Menschen in unmittelbarer Nähe dieser Hunde infiziert werden. Unbehandelte positive Hunde aus dem Ausland stellen ein Reservoir für viele Parasiten dar. Selbst wenn Ihr Hund vor der Vermittlung negativ auf die entscheidenden Erreger getestet wurde, so sind falsch negative Testergebnisse möglich. Zur Sicherheit sollten also einige Tests (Seite 164 ff.) nach einer gewissen Zeit im neuen Zuhause vom Tierarzt nochmals wiederholt werden. Außerdem werden Grundimmunisierungen empfohlen, obwohl es in Deutschland keine gesetzlich vorgeschriebenen Pflichtimpfungen für Hunde gibt. Diese Grundimmunisierung ist gegen die Krankheiten Parvovirose, Staupe, Zwingerhusten, Leptospirose, Hepatitis und Tollwut gerichtet.

Meldepflichtig

In Europa gibt es eine Zoonose-Überwachungsrichtlinie. Bestimmte Zoonosen (Tiererkrankungen, die auch der Mensch bekommen kann) müssen dem Gesundheitsamt gemeldet werden, um so Infektionsquellen schneller finden und beseitigen zu können. Dazu gehören z.B. Leptospirose, Hepatitis-A und Tollwut.

Hundekrankheiten, die dank der bei uns üblichen Grundimmunisierungen zurückgedrängt worden sind

	Mögliche Symptome der Krankheit	Erreger/Übertragung	Kommentar
Parvovirose	*Erbrechen, Fieber, blutiger Durchfall, Teilnahmslosigkeit*	*Virus: über Nase und Mundschleimhaut beim Beschnuppern, Kot fressen*	*Auffrischung alle drei Jahre nötig, schwerer Verlauf besonders bei Jungtieren*
Staupe	*Lähmungen, tödliche Krämpfe nicht ausgeschlossen, hohes Fieber*	*Virus: Tröpfcheninfektion*	*Auffrischung alle drei Jahre nötig*
Zwingerhusten	*Harter, bellender Husten, Würgereiz, Atembeschwerden, laufende Nase, Appetitlosigkeit, geringe Belastbarkeit, Bindehautentzündung mit eitrig-tränenden Augen*	*Verschiedene Erreger, wie Viren und Bakterien: Tröpfcheninfektion, über Wassernäpfe, Beschnuppern*	*Klingt in der Regel alleine ab, wenn nicht Lungenentzündung hinzu kommt*
Leptospirose (Stuttgarter Hundeseuche)	*Grippeähnliche Symptome, schwere Organschäden, kann zum Tod führen*	*Bakterium Leptospirainterrogans, verschmutztes Wasser*	*Jährliche Auffrischung nötig*
Hepatitis (H.c.c. = Hepatitis contagiosacanis)	*Leber-Erkrankung, Fieber, Apathie, Erbrechen, Durchfall, Durst, Verweigerung der Nahrungsaufnahme, Gelbsucht*	*Virus: Hunde stecken sich am Kot oder Urin infizierter Tiere an*	*Auffrischung alle drei Jahre nötig*
Tollwut	*Aggressives Verhalten und/oder Lethargie, Lähmungen, endet immer tödlich*	*Virus, Biss- und Kratzwunden, Infektion über die Blutbahn, bloßes Berühren oder Kontakt zu Blut, Urin oder Kot ist kein Übertragungsweg*	*Auffrischung jährlich oder alle drei Jahre je nach Impfstoffart*

Ihr Hund braucht einen neuen Job

Warum ist ein Job so wichtig?

Hunde schätzen ebenso wie wir Menschen Aufgaben, die Spaß machen und Anerkennung einbringen. Schauen Sie mal, welche Art der Freizeitgestaltung zu Ihrem Hund und zu Ihnen passt.

Ein Tierschutzhund hat bei Ihnen ein gutes Plätzchen gefunden. Sie bieten ihm einen sicheren und warmen Rückzugsort, sorgen täglich für sein leibliches Wohl, gehen mit ihm spazieren, achten auf seine Gesundheit und kümmern sich um alle notwendigen medizinischen Untersuchungen und bei Bedarf auch Behandlungen. Außerdem lieben Sie ihn heiß und innig und Ihre Fellnase genießt vermutlich jede Zuwendung, die er in seinem Vorleben kaum haben konnte. Und doch wünscht er sich als Ihr Familienmitglied noch mehr. Körperliche und geistige Auslastung halten ihn fit und machen ihn dauerhaft glücklich.

Wenn Hunde untereinander spielen, dann trainieren sie verschiedene Rollen. Sie machen beispielsweise Rennspiele. Sie trainieren damit, in Gefahrensituationen möglichst schnell fliehen zu können. Wenn sie miteinander kabbeln, dann machen sie sich in Kampfspielen fit, damit sie einen eventuellen Gegner in die Flucht schlagen können.

Bindung aufbauen und stärken

Für Ihren Hund steht je nach Beschäftigungsart nicht nur das Spiel als ein Spiel im Vordergrund, sondern eine gemeinsame Unternehmung, bei der er für Sie Aufgaben erledigen kann. Aufgaben für den Menschen zu übernehmen waren von jeher Ziele der Züchtung. Von daher machen Sie Ihren Hund glücklich, wenn er von Ihnen Aufgaben bekommt, für deren Bewältigung er Lob und Anerkennung kassieren kann.

Bei gemeinsamen Unternehmungen verbringen sie gemeinsam intensiv viel Zeit und haben Spaß. Die positiven Erlebnisse verbinden sie. Dadurch entwickelt sich Vertrauen und das wiederum stärkt ihre Bindung. Von daher wäre es schön, wenn Sie täglich mit Ihrem Hund etwas unternehmen können.

Vielleicht ergibt sich auch die Möglichkeit, sich gelegentlich mit anderen Hundebesitzern zur gemeinsamen Freizeitgestaltung zu treffen? Dann hätte Ihr Hund auch gleich Kontakt zu anderen Hunden. Das würde nicht nur ihm gefallen, sondern auch Ihnen guttun, denn sie hätten mit anderen Hundebesitzern ständig gute Hundethemen, über die sie sich austauschen können.

Ein Treffen mit gleichgesinnten Hundefans. Erst wird trainiert und dann gespielt. Das macht jedem Spaß.

Ein gemeinsames Spiel können Mensch und Hund genießen.

Beschäftigung mit und ohne Spielzeug

Ihr Hund braucht keine prallgefüllte Spielzeugkiste, sondern vor allem Sie, Ihre kreativen Ideen und etwas von Ihrer Zeit. Gestalten Sie die gemeinsame Freizeit, so wie es ihnen beiden gefällt.

Wenn Sie einen Welpen adoptiert haben, so haben Sie ihm vermutlich schon handelsübliches Spielzeug besorgt. Ihn zum Spielen zu motivieren ist leicht. Sie bewegen ein kurzes Seil hin und her und schon fängt der Kleine an, das Seil zu haschen. Vermeiden Sie besser quietschendes Spielzeug. Welpen müssen erst lernen, wie stark sie bei ihren Wurfgeschwistern zubeißen können, ohne dass es ihnen weh tut. Wenn Bruder oder Schwester anfangen zu quieken und sich wehren, merkt der kleine Beißer, ab wann er zu heftig war. Bei quietschendem Spielzeug kommt es jedoch nicht zur Gegenwehr, egal wie heftig der Welpe zubeißt, und das Spielzeug quietscht. Er kann also nicht lernen, wann sein Zubeißen zu stark wird.

Vielleicht mag Ihr Hund ein Plüschtier, was Sie in seinem Bettchen belassen können, doch alle anderen Spielsachen werden nur dann von Ihnen vorgeholt, wenn Sie mit ihm damit spielen. Anschließend wandert es wieder unter Verschluss. Sie können zum Spielen mal das eine und mal ein anderes Spielzeug hervorholen. Damit wird keines der Spielzeuge langweilig.

Es geht auch ohne Spielzeug

Wenn Sie einen erwachsenen Tierschutzhund bei sich aufgenommen haben, so wird dieser vermutlich nicht an Spielzeug interessiert sein, es sei denn, er konnte in seinem Vorleben Spielsachen kennenlernen (z. B. bei Abgabetieren von Besitzern, die in Not geraten

„Gemeinsam mit Herrchen rennen, das macht Spaß."

sind und sich deshalb von ihrem Vierbeiner trennen mussten.). Seien Sie unbesorgt, es gibt so viele andere Möglichkeiten der Beschäftigung, die Spaß machen können. Spielen geht übrigens auch ganz ohne Spielsachen, indem Sie sich körpersprachlich einbringen und z. B. ein gemeinsames Rennspiel absolvieren. Viele weitere gute Tipps zur Beschäftigung Ihres Hundes finden Sie auch in Büchern und im Internet (Quelle Seite 186).

Laufrouten lernen

Locken Sie ihren Hund mit einem Leckerchen in der Hand zunächst in die gewünschte Position und führen Sie dann das Leckerchen vor der Schnauze des Hundes auf der gewünschten Laufroute im Slalom durch Ihre Beine. Ab und zu bekommt er natürlich das Leckerchen als Belohnung und schon geht es weiter. Starten Sie der Einfachheit halber, indem Sie mit gegrätschten Beinen stehenbleiben und den Hund auf der Route einer liegenden Acht durch Ihre Beine führen. Verbunden mit dem Wort *Acht* wird er bei mehrfacher Durchführung über mehrere Tage bald wissen, was bei einer *Acht* zu machen ist.

Wenn Ihnen das Spaß macht, können Sie den Schwierigkeitsgrad der Übung erhöhen, indem Sie langsam ein Bein vor das andere setzen und dabei immer wieder Ihren Hund durch Ihre Beine locken, immer das Leckerchen voran. Auch dafür benutzen Sie ein geeignetes Wort, wie *Vorwärts*. Als nächste Stufe können Sie rückwärts laufen und der Hund läuft nach wie vor vorwärts. Ihnen fallen garantiert noch weitere Laufvarianten ein. Dieses Spiel ist besonders für kleine und mittelgroße Hunde geeignet. Für einen großen Hund können Sie z. B. Eimer als Slalompfosten aufstellen und schon kann der Spaß beginnen.

Tipp

Um Laufrouten zu erlernen, können Sie Ihren Hund mit einem Leckerchen gut führen. Sie bestechen ihn quasi – hier ist das Leckerchen, folge ihm, und du bekommst es. Sobald Ihr Hund verstanden hat, was er tun soll, wird er immer erst nach getaner Arbeit belohnt.

Ideen für Tricks

Sie können Ihrem Hund auch viele Tricks beibringen. Hier sind ein paar Ideen:

- Verbeugen
- Bitte, Bitte
- Bellen auf Kommando
- Rolle
- Im Kreis drehen
- Tot stellen
- Pfotegeben
- High Five
- Winken
- Rechts-Links-Gucken

Das Erlernen von Tricks geht noch leichter mit einem Klicker (Kunze und Royke 2006). Wenn Sie Laufrouten und Tricks mit passender Musik kombinieren, sind Sie beim Dogdance angekommen.

„Slalom klappt schon richtig gut.“

Und mit ein bisschen mehr Bewegung ...

Besonders sportliche Vierbeiner haben Spaß am Rennen und Überwinden von Hindernissen. Doch auch die älteren Hunde können mit einem geeigneten Trainingsaufbau auf ihre Kosten kommen.

Agility zum Spaß

Beim professionellen Agility-Turniersport besteht der Nachteil darin, dass der Ehrgeiz der zweibeinigen Teilnehmer oft der Unbeschwertheit des Sportes im Weg steht. Entscheiden Sie deshalb sehr verantwortungsbewusst, was das Beste für Sie und Ihren Hund ist. Es spielt keine Rolle, wie professionell der entsprechende Sport betrieben wird, solange sie beide Spaß daran haben. Spaß haben sie sicher auch in einer kleinen Gruppe mit Hundefreunden, wenn sich diese einen kleinen Parcours mit weniger professionellen Geräten zusammenstellt. Dort können alle gemeinsam mit ihren Hunden ohne jeden Zeitdruck üben. Beachten Sie für die Sicherheit Ihres Hundes auch immer seine körperliche Konstitution hinsichtlich Größe, Gewicht und Alter und motivieren Sie ihn nur für Geräte oder Hindernisse, deren Benutzung ihm nicht schaden kann.

Wenn Sie gemeinsam mit Ihrem Hund Hindernisse überwinden, so ist das Teambildung pur. Ihr Hund konzentriert sich auf seine Aufgabe und ist im Selbstbewusstsein gestärkt, wenn er über die Hürde gesprungen oder durch einen Tunnel gelaufen ist. Dafür bekommt er natürlich jede Menge Lob und Belohnung. Wenn Sie sich genauer mit dem Thema des Agility-Sportes beschäftigen wollen, so helfen Ihnen die Referenzen im Serviceteil Seite 186.

Cavaletti für alle

Übungen, die die Konzentration der Hunde fördern, sind immer empfehlenswert. Wenn dabei zugleich ein physiotherapeutischer Nutzen in Form eines Muskeltrainings heraus-

„Jetzt machen wir Physiotherapie für den Muskelaufbau und konzentrieren muss ich mich auch noch.“

springt, dann haben Sie gleich zwei Fliegen mit einer Klappe geschlagen. Das erreichen Sie mit dem Cavaletti-Hundesport, der für Hunde jeder Größe und jeden Alters (auch und besonders für Seniorenhunde) geeignet ist. Cavalettis oder Bodenricks sind kleine Hürden, die in einem gleichmäßigen Bewegungsrhythmus (gern auch Schritt) überwunden werden. Parcours können in vielen verschiedenen Varianten aufgebaut werden, sodass bei Ihrem Hund keine Langeweile aufkommt.

Sicheres Laufen am Fahrrad

Lauffreudige Hunde haben oft viel Spaß, wenn sie am Fahrrad mitlaufen dürfen. Hierfür gibt es allerdings einiges zu beachten: Nur ausgewachsene und gesunde Hunde können am Fahrrad mitlaufen. Welpen und junge Hunde bis zu einem Alter von 1,5 Jahren sollten nicht am Fahrrad mitgeführt werden. Dasselbe gilt für Senioren, schwere Hunderassen, sehr kleine Hunde oder Hunde, die auf Grund ihrer Rasse Probleme mit der Atmung haben könnten (z. B. Bulldoggen). Vermeiden Sie stark befahrene Straßen sowie Asphalt- und Schotterstraßen. Wald- und Feldwege sind ideal. Radeln Sie bei wolkenlosem Himmel nur bei Temperaturen bis maximal 20°C.

Führen Sie aus Sicherheitsgründen nur einen Hund am Fahrrad. Die Leine des Hundes während des Fahrens am Lenker des Fahrrades zu halten, ist sehr gefährlich. Zu schnell können Sie ins Straucheln kommen und schließlich stürzen. Es gibt entsprechendes Fahrradequipment, bei dem am Hinterrad rechts oder unterhalb des Fahrradsattels ein Abstandshalter montiert wird. An dieser Halterung ist ein beweglicher und gefederter Arm mit einer speziellen Leine, die am Hundegeschirr (nicht am Halsband!) befestigt werden kann.

Auf jeden Fall sollten Sie die Benutzung dieses Equipments vor der ersten Fahrt mit dem Hund üben: Zunächst darf die Nähe des Fahrrades dem Hund keine Angst machen, dann leinen Sie den Hund an und schieben das Fahrrad. Dabei sehen Sie, wie der Hund zurechtkommt. Wenn alles gut läuft, können Sie an einer abgelegenen Stelle mal ein kurzes Stück gemeinsam mit dem Hund fahren, bevor es dann auf eine etwas ausgedehntere Spritztour gehen kann.

Am Anfang sollten die Strecken der Fahrradtour kurz sein und die Geschwindigkeit gering. Erst wenn der Hund besser trainiert ist, können die Touren auch länger ausfallen. Pausen, in denen Ihr Hund etwas trinken kann, sollten immer dabei sein. Und kontrollieren Sie bitte die Pfoten Ihres Hundes. Ein Hund mit Verletzungen an den Pfoten darf nicht am Fahrrad mitlaufen.

Spaziergänge interessant machen

Oft können Sie das Angenehme mit dem Notwendigen verbinden. Das spart Zeit und Ihr Hund wird trotzdem artgerecht ausgelastet: Gestalten Sie Ihren Spaziergang als Abenteuertrip.

Spaziergänge fallen täglich an und bieten damit eine wunderbare Möglichkeit für die gemeinsame Beschäftigung und Auslastung Ihres Hundes. Nicht immer mag Ihnen nach großem Entertainment zumute sein, das ist auch nicht nötig, denn selbst mit kurzen Phasen der gemeinsamen „Bespaßung" lockern Sie den Spaziergang auf und lassen ihn nicht zu einer langweiligen Parallelveranstaltung werden.

Aufmerksamkeit und Erkundung

Ein idealer Spaziergang mit dem Hund sollte aus zwei verschiedenen Abschnitten bestehen, die einander mehrfach abwechseln sollten. Nennen wir sie: „Mensch-Hund-Spaß" und „Umwelterkundung". Beide Abschnitte können mit Leine stattfinden, was besonders in der Eingewöhnungsphase sein muss. Später ist es auch möglich, einen der beiden Abschnitte oder sogar beide ohne Leine zu absolvieren.

Zu Beginn von Mensch-Hund-Spaß motivieren Sie Ihren Schützling zur Aufmerksamkeit (Seite 100 f.) auf Sie. Ihr Hund sieht Sie an, und Sie starten jetzt mit klitzekleinen Übungen wie: drei Schritte schnell laufen–Stopp–drei Schritte zurück–Stopp. Dann laden Sie ihn körpersprachlich ein, Sie zu umrunden, dann Lob, Leckerchen, klasse gemacht, gleich nochmal. Das ist genug fürs erste Mal der Aufmerksamkeitsübung. Nun kann der Umwelt-Erkundungs-Abschnitt beginnen, in dem Ihr Hund sich dem Schnüffeln hingeben kann.

Sicheres Anlein-Equipment für die Radtour.

Abschnittswechsel signalisieren

Sie können die beiden Abschnitte Ihrem Hund verbal ankündigen, indem Sie ihn für den Abschnitt Mensch-Hund-Spaß z. B. mit seinem Namen ansprechen oder ein trainiertes Aufmerksamkeitssignal geben (Seite 100 f.). Sobald er auf Sie aufmerksam wird, sagen Sie ihm *Los geht's* oder Sie benutzen eine andere Wortkombination Ihrer Wahl, um so die Aufmerksamkeitsphase zu beginnen. Mit einem *Okay* beenden Sie diesen Abschnitt. Vielleicht können Sie Ihre Leine in der Länge durch einfaches Umklicken schnell und unkompliziert verändern, das wäre ideal und würde als Signal für den Wechsel der beiden Abschnitte ausreichen. Die kürzere Leinenlänge (1,5 bis 2 m) könnte für den Aufmerksamkeitsspaß genutzt werden und die längere Leine (ca. 3 m) würde Ihrem Hund für die Erkundungsphase mehr Bewegungsspielraum verschaffen.

Die Aufmerksamkeitsübung können Sie nun schrittweise verlängern. Sie werden sehen, wie Ihr Hund mitmacht. Es sollte ihm auf jeden Fall Spaß machen. Das erkennen Sie daran, ob er seine Aufmerksamkeit auf Sie hält, oder ob er ständig abschweift mit seinem Blick. Für den Aufmerksamkeitsabschnitt haben Sie nun alle Gestaltungsmöglichkeiten: Sie können die Schrittgeschwindigkeit verändern, also mal schnell und mal langsam laufen. Sie können sich beide drehen, um einen Baum, um einen Laternenpfahl, um Poller, um alles, was die Natur und die Stadt zu bieten haben, mal links rum, mal rechts rum, mal Slalom. Vielleicht gibt es in der Natur auch Baumstämme, über die Ihr Hund springen oder auf denen er balancieren kann. Ihrer Fantasie sind keine Grenzen gesetzt. Sie können auch Spielsachen mitnehmen, die Ihr Hund zeitweise trägt oder die Sie unterwegs verstecken, sodass er sie suchen kann.

Tipp

Beenden Sie die Aufmerksamkeitsphase nach Möglichkeit immer, bevor Ihr Hund die Lust an der gemeinsamen Übung verliert. Loben Sie ihn für das zuletzt ausgeführte Kommando.

Ein aufmerksamer Blick auf Frauchen oder Herrchen verdient immer ein paar lobende Worte.

Leckereien suchen oder fangen

Die Suche nach Futter macht fast jedem Hund Spaß und Beute kann leicht imitiert werden. Sie werden sehen, welchen Spaß Ihr Hund hat, wenn er seine Beute haschen und fangen darf.

Schnüffelspiele können sowohl drinnen als auch draußen, vielleicht nur im Garten und nicht außerhalb Ihres Grundstücks, stattfinden. Ihr Hund soll lernen, dass in seinem Zuhause Futter vom Boden aufgenommen werden darf, doch das das unterwegs tabu ist wegen möglicher Gefahren wie Giftködern.

Eine ganz einfache Übung ist das Ausstreuen von kleinen Futterbröckchen auf dem Boden Ihrer Wohnung oder im Garten. Hunde mit Figurproblemen bekommen damit einen Teil ihrer Futterration. Vielleicht liebt Ihr Hund ja auch Möhrenstücke als kaloriengünstige Alternative?

Futtersuche für die Profis

Sie können die Leckerchen-Suche nun etwas anspruchsvoller gestalten, in dem Sie einzelne Futterbröckchen unter Bechern (Seite 56) oder einer Decke verstecken oder auch in einen Karton legen, der mit zerknülltem Papier gefüllt wurde.

Im Internet finden Sie viele gute Ideen zum Selberbauen von geeignetem Schnüffelspielzeug aus Küchenrollen, Klopapier, Eierkartons, Socken usw. (Quelle Seite 186). Es gibt auch Schnüffelrasen und anderes zu kaufen, indem Leckerchen versteckt werden können.

Denk-oder Intelligenzspiele sind im Grunde Schnüffelspiele mit höherem Schwierigkeitsgrad. Der Handel hält viele verschiedene Denkspiele bereit. Fangen Sie nicht mit zu schweren Aufgaben an, die Ihr Hund nicht bewältigen kann. Das würde ihn demotivieren.

Beutejagd mit einer Reizangel

Einen jungen, erwachsenen Hund machen Sie bestimmt mit einer Reizangel glücklich, allerdings sollte Ihr Hund für dieses Spiel etwas Grundgehorsam erlernt haben. Es kommt nämlich nicht darauf an, den Hund bis zur Erschöpfung auszupowern, sondern so zu spielen, dass er durch die Jagd nach dem Dummy Freude hat. Doch er soll auch jederzeit zu stoppen sein.

Reizangeln sind im Handel erhältlich. Sie bestehen aus einem ca. 2 m langen robusten Stab, an dem eine ebenso lange nicht zu dünne Schnur befestigt ist. Ans Ende der Schnur kommt ein Beute-Dummy. Zuerst muss der Dummy für den Hund

Tipp

Zu jung sollte Ihr Hund für dieses Spiel nicht sein, um Verletzungen zu vermeiden. Ein Senior sollte damit auch nicht gestresst werden. Entscheidend ist jedoch, wie gefühlvoll Sie die Angel einsetzen. Bei vorsichtiger Benutzung muss keine Altersklasse ausgeschlossen werden.

„Wo war jetzt nochmal gleich das Leckerchen?“

interessant gemacht werden. Sie können ihn z. B. mit duftender Fleischwurst einreiben. Dann ziehen Sie den Dummy – gern auch schon an der Angel befestigt – langsam über den Boden. Der Hund muss Gelegenheit haben, das Teil zu erschnuppern. Sobald er interessiert ist, wird er beginnen, der Beute hinterherzujagen. Sie sind aber schneller und bewegen die Angel mit dem Dummy, mal kreuz und quer über den Boden, mal etwas höher in der Luft. Nach einem kurzen Jagdspiel stoppen Sie die Bewegung, ziehen den Dummy ein und bringen den Hund ins Sitz, also in Ruhe. Er muss sich eine Weile ausruhen, dann geht es weiter. Er darf natürlich auch mal die Beute kriegen.

Für Fortgeschrittene wäre eine Übung schön, bei der der Hund im Sitz geduldig abwartet, selbst wenn Sie die Angel mit dem Dummy bewegen. Erst wenn Sie gestatten, dass er seine Beute wieder jagen darf, geht es weiter.

Apportieren ist so schön

Das Apportieren von diversen Gegenständen inklusive eines Futtertäschchens gehört zu den schönsten Spielen überhaupt. Sie können Spaß und Erziehung wunderbar kombinieren.

Ein kleines Futtertäschchen eignet sich besonders gut für Ihren Hund, um das Apportieren zu erlernen. Ihr Hund soll lernen, das Täschchen mit dem Futter oder anderen Leckereien, also die Beute, zu Ihnen zu bringen und Ihnen zu übergeben. Dafür wird er mit dem Inhalt des Täschchens belohnt.

Es gibt viele verschiedene Möglichkeiten, wie Sie Ihrem Hund das Apportieren beibringen können. Im Wesentlichen erfolgt jedes Training über folgende Etappen:

- Interessant machen des Gegenstandes, den Ihr Hund apportieren soll. Er soll neugierig werden.
- Hund soll lernen, den Gegenstand oder das Täschchen ins Maul zu nehmen und zu tragen.
- Hund soll lernen, den Gegenstand oder das Futtertäschchen zu Ihnen zu bringen und Ihnen zu übergeben.

So könnte das Training aussehen

Sie starten in einer ablenkungsarmen Umgebung, z. B. in der Wohnung oder im Garten:

- Sie befüllen das Futtertäschchen im Beisein Ihres Hundes mit seinem Futter oder mit besonderen Leckereien.
- Er kann auch mal kurz seine Schnauze in die Tasche stecken, um etwas Futter rauszuholen.
- Verschließen Sie dann das Täschchen.
- Ziehen Sie das Täschchen langsam vor Ihrem Hund über den Boden.
- Ihr Hund sollte es interessiert mit seinem Blick verfolgen.
- Schon dieses Interesse wird mit einem Futterstück aus dem Täschchen belohnt.
- Verschließen Sie das Täschchen wieder.
- Ziehen Sie es wieder über den Boden.
- Wenn er es kurz in seinen Fang nimmt, dann loben Sie ihn wieder.
- So begreift er Schritt für Schritt, dass dem Boss gefällt, was er tut, und dass es Belohnungshäppchen für sein Interesse am Täschchen gibt.
- Behält er das Täschchen schließlich etwas länger im Maul, so nehmen Sie es ihm langsam ab, evtl. mit dem Wort *Aus*.
- Belohnen Sie ihn, wenn er es freigibt.
- Wiederholen Sie das Training einige Male, auch mehrfach über mehrere Tage.

Nun können Sie das gefüllte Täschchen gern mal etwas auf Abstand neben sich fallen lassen und ein paar Schritte weggehen. Vielleicht nimmt er es sogleich und bringt es zu Ihnen, was sofort mit Futter aus dem Täschchen belohnt wird. Falls noch etwas Motivation nötig sein sollte, so gehen Sie zum Täschchen zurück, und bewegen Sie es wieder auf dem Boden vor der Nase Ihres Hundes (vielleicht mit den Worten *Such das Täschchen*) bis sein Interesse wieder ansteigt, und er das Täschchen aufnimmt.

Wenn andere Gegenstände als ein Futtertäschchen apportiert werden sollen, so verfahren Sie ganz ähnlich. Sie können den Gegenstand mit lecker duftendem Futtermaterial einreiben, was ihn für Ihren Hund sofort interessant macht. Auch hier können Sie den Gegenstand über den Boden ziehen und jedes Interesse Ihres Hundes mit einem Leckerchen aus Ihrer Hosentasche belohnen.

Will er seine Beute nicht hergeben?

Ob Futtertasche oder sonstiges, Gegenstände, die Ihr Hund mit Futter in Zusammenhang bringt, haben Beuteeigenschaften für ihn. Wenn Ihr Hund sich schwer tut, seine Beute wieder herzugeben, so bieten Sie Ihrem Hund einen Tausch an. Bieten Sie ihm ein Leckerchen aus Ihrer Hosentasche. Da er das Leckerchen nehmen wird, muss er automatisch den gebrachten Gegenstand loslassen. Sagen Sie *Aus* in dem Moment, in dem er den Gegenstand oder das Täschchen frei gibt, um sich das Leckerchen zu schnappen. Wiederholen Sie das mehrfach. Der Trainingsstand bis hierhin ist: Ihr Hund interessiert sich für den Gegenstand Ihrer Wahl, er nimmt ihn ins Maul, und er überlässt ihn Ihnen.

Tipp

Ihr Hund soll nicht lernen, dass intensives Festhalten des gebrachten Gegenstandes belohnt wird. Sobald er das *Aus* mit dem Freigeben verknüpft hat, bekommt er das Leckerchen nicht als Bestechung für das Loslassen, sondern als Lohn nach dem erfolgten Loslassen.

Es kann natürlich auch passieren, dass Ihr Hund seine Beute schnappt und damit abhaut, um sie genüsslich zu beknabbern. Um das Abhauen beispielsweise mit dem Futtertäschchen zu vermeiden, können Sie es an eine Leine befestigen, sodass Sie es nach dem Werfen wieder zu sich zurückziehen können – vermutlich dann mit dem Hund im Schlepptau. Das funktioniert recht gut bei kleineren Hunden. Falls Ihr Hund größer sein sollte, so ist die Leine besser am Geschirr Ihres Hundes und nicht am Futtertäschchen zu befestigen. Geben Sie ihm ein Futterstück aus einer anderen Quelle, also nicht aus dem Täschchen, sobald sich das zurückgeholte Futtertäschchen in Ihrer Hand befindet. Das geht zeitexakter als das Herausholen eines Futterstückes aus dem Täschchen. Er soll lernen, dass sich das Zurückbringen lohnt. Sobald er mit dem Futtertäschchen von sich aus in Ihre Richtung läuft, loben Sie ihn, sobald absehbar wird, dass er wirklich zu Ihnen kommt und nicht noch einen Haken schlägt, um erneut abzuhauen.

Übungsvarianten mit dem Futtertäschchen

Der Futterbeutel lässt sich für viele Übungsvarianten einsetzen und kann auch unterwegs Ihren gemeinsamen Spaziergang bereichern.

Sie können Ihren Hund im *Sitz* warten lassen, bis Sie das Täschchen versteckt haben. Mit *Such* beginnen Sie das Beute-Such-Spiel, bei dem Ihr Hund das Täschchen suchen und zu Ihnen bringen muss. Wenn das gelingt, wird er ausgiebig aus dem Täschchen belohnt. Beginnen Sie mit ganz einfachen Verstecken, am besten so, dass Ihr Hund anfangs noch

„Oh lecker, was da so alles drin steckt."

sehen kann, wo Sie das Täschchen ablegen. Später können dann die Verstecke immer schwerer werden.

In einer zweiten Variante wartet Ihr Hund wieder im *Sitz* und Sie werfen den Futterbeutel vor seinen Augen weg. Ihr Hund darf das Futtertäschchen erst bringen, wenn Sie das Sitz-Kommando auflösen. Auch hier empfiehlt es sich, die Übung schrittweise aufzubauen und einfach zu starten. Wenn Ihr Hund sitzt, so gehen Sie ein bis zwei Schritte zurück und lassen den Beutel neben sich fallen. Aus dieser Position kann der Hund den Futterbeutel aufnehmen und Ihnen übergeben. Später können Sie dann das Täschchen weiter wegwerfen.

In einer dritten Variante lassen Sie den Futterbeutel während des Spazierganges einfach fallen und laufen weiter. Dann fällt Ihnen der Verlust des Täschchens ein, und Sie bitten ihren Hund, das Futtertäschchen zu suchen und zu bringen. Vielleicht bringt er den Futterbeutel auch gleich ohne Aufforderung zu Ihnen.

Hundepersönlichkeiten und wie sie ticken

Wie wird das Verhalten Ihres Hundes geprägt?

Seien Sie gespannt darauf zu erfahren, wie die individuelle Persönlichkeit Ihres Hundes zustande kommt und welche seiner Eigenarten Sie beeinflussen können und welche eher nicht.

Im Verhalten der Hunde aus psychologischer Sicht finden sich viele Aspekte und Parallelen zu menschlichen Verhaltensmustern wieder. Deshalb ist es auch nicht besonders verwunderlich, wenn Begriffe aus der Humanpsychologie für die Beschreibung von Verhaltensweisen der Hunde verwendet werden. Die Begriffe Persönlichkeit, Charakter und Wesen werden dabei häufig synonym verwendet, obwohl je nach Kontext dem einen oder anderen Begriff der Vorzug gegeben wird.

In der Kynologie (Lehre von Rassen, Zucht, Pflege, Verhalten, Erziehung und Krankheiten des Haushundes), Hundezucht und Hundeausbildung wird überwiegend vom Wesen des Hundes gesprochen. Gemeint ist damit die Summe aller angeborenen und erworbenen Verhaltensmuster. Bei genauerer Betrachtung trifft der Begriff Summe nicht korrekt die Situation (siehe Kasten auf Seite 63).

Im populärwissenschaftlichen Sprachgebrauch spricht man bei Hunden eher über ihren Charakter oder ihre Persönlichkeit anstatt über ihr Wesen. Der Begriff Persönlichkeit wird dabei umfassender benutzt und meint die Gesamtheit von Kognition, Gefühlen und Verhaltensweisen, die eine Person oder einen Hund ausmachen.

Die Persönlichkeit eines Hundes ...

...setzt sich zusammen aus genetischer Veranlagung, Temperament, Sensibilität, kombiniert mit Lebenserfahrung, den Einfluss und Vorbild des sozialen Umfeldes und gebotene Entfaltungsmöglichkeiten (Nijboer 2018).

Auch Temperament ist vererbbar

Das Temperament eines Hundes wird durch seine Erbfaktoren und pränatale Faktoren bestimmt. Es beschreibt den Verhaltensstil, d. h. seine Reizschwelle, seine Stimmung, seine Ausdauer und sein Tempo. Wenn Jan Nijboer von genetischer Veranlagung und Temperament spricht, so ist Temperament in der genetischen Veranlagung enthalten. Diese Veranlagung umfasst jedoch deutlich mehr als nur das Temperament.

Wie ein Hund also wirklich ist oder wie er sich verhält, wird hauptsächlich von den folgenden beiden Komponenten bestimmt:

- von seinen Erbanlagen (genetische Disposition) – das ist die angeborene Komponente
- von den Prägungen, die er im Laufe seines Lebens erfährt (Umwelteinflüsse, Erfahrungen, Erziehung) – das ist die erlernte Komponente.

Die Erbanlagen eines Hundes haben großen Einfluss auf sein Wesen und sein Verhalten. Deshalb ist es nicht besonders überraschend, wenn reinrassige Jagdhunde jagdlich ambitioniert sind. Bei Jagdhund-Mischlingen kann der beteiligte Paarungspartner, sofern er

Wie die Persönlichkeit Hund und seine Verhaltensweisen geprägt werden.

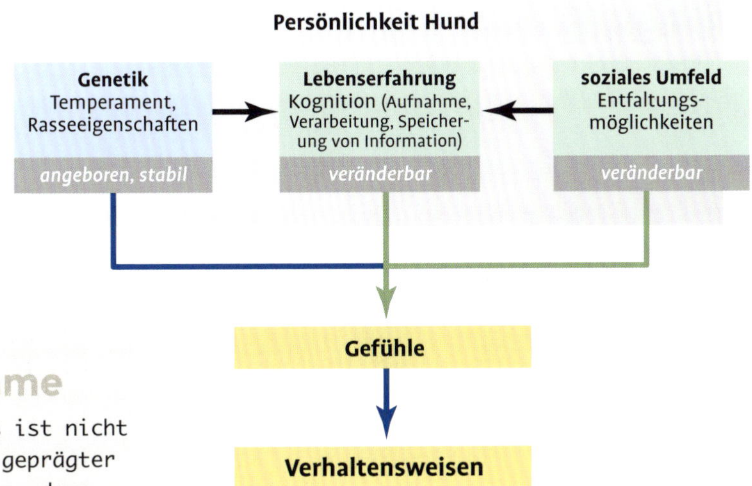

Mehr als die Summe

Das Verhalten Ihres Hundes ist nicht nur die Summe aus erblich geprägter Komponente plus Erfahrungen, denn die Erfahrungen unterliegen wiederum dem Einfluss der erblichen Komponente. Die Genetik im Allgemeinen und das Temperament im Besonderen beeinflussen, wie Erfahrungen wahrgenommen und verarbeitet werden.

nicht zur Gruppe der Jagdhund-Rassen gehört, den Charakter des Hundes maßgeblich beeinflussen, sodass das Interesse am Jagen durchaus vermindert ausgeprägt sein kann. Mit zunehmender genetischer Vielfalt, also durch das Einkreuzen verschiedener Rassen oder Mischlinge über Generationen hinweg, wird der daraus resultierende Hund entsprechende Wesenszüge mit „in die Wiege gelegt bekommen haben".

Erlerntes Verhalten ist veränderbar

Die genetische Komponente des Wesens eines Hundes ist stabil und ist deshalb für den kaum veränderbaren Teil seines Verhaltens verantwortlich, wohingegen erlernte Verhaltensmuster modifiziert werden können. Das soziale Umfeld hat einen starken Einfluss auf die Entwicklung der Persönlichkeit eines Hundes. Wenn ein Welpe in seiner Prägephase (4. bis 14. Woche) in einer schlechten isolierten Aufzuchthaltung weder Sozialkontakte noch Umweltreize kennenlernen durfte, so können diese Defizite nur sehr bedingt ausgeglichen werden. Wenn er das Glück hat und in ein neues, gutes Umfeld gelangt, so kann er neue Verhaltensmuster lernen und damit seine Persönlichkeit scheinbar modifizieren. Das ist jedoch keine echte Änderung der Persönlichkeit. Wenn sich das soziale Umfeld wieder ändert, können die gefestigten Persönlichkeitsmerkmale wieder hervortreten (Nijboer 2018).

Umkehr von schlechten Erfahrungen?

Schlechtes, was Ihr Schützling erleben musste und was sein Verhalten unter Umständen ungünstig geprägt hat, kann in einer guten Haltung mit liebevoll konsequenter Führung zum Positiven beeinflusst werden. Das erfordert Geduld und Einfühlungsvermögen.

Persönlichkeitstypen

Auch Ihr Hund lässt sich einem individuellen Persönlichkeitstyp mit charakteristischen Eigenschaften zuordnen. Erkennen Sie seine Stärken und Schwächen.

In der Humanpsychologie hat man von jeher probiert, menschliches Verhalten bestimmten Verhaltenstypen zuzuordnen. Dabei geht es nicht um das Sortieren der Probanden in gut und schlecht. Jeder Typ hat sowohl Stärken als auch Schwächen. Es geht vielmehr um das Verständnis, warum die einzelnen Verhaltenstypen in bestimmten Situationen unterschiedlich reagieren.

Einige dieser Modelle der Typenbeschreibung werden auch für Hunde benutzt, letztlich zu einem ähnlichen Zweck. Auch hier hat jeder Persönlichkeitstyp seine Vorzüge. Wenn Sie Ihren Hund einem bestimmten Typ zuordnen können, ergeben sich hier und da gewisse „Aha-Erlebnisse", warum er mit einer Situation besser und mit einer anderen schlechter umgehen kann. Sie können dementsprechend Ihre erzieherischen Maßnahmen anpassen.

Ein Modell für die Typisierung ...

Im Rahmen dieses Buches wird ein kombiniertes Vier-Faktoren-Modell vorgestellt. Es vereinigt die folgenden Modelle:

1. **Typisierung der Temperamente** nach dem bekannten Neurologen und Physiologen Iwan Petrowitsch Pawlow (1849–1939). Dieses Modell basiert auf eine Gruppierung von Menschen nach Hippokrates (Arzt im antiken Griechenland), die später auch auf Hunde angewendet wurde. Demnach werden die vier Temperamentstypen Choleriker, Sanguiniker, Phlegmatiker und Melancholiker unterschieden (Joachim 2013; Knight-Jadczyk 2007; Nastl 2020).
2. **Gruppierung** nach Meyer Friedman (1910–2001) und Ray H. Rosenman (1921–2013). Die beiden Kardiologen haben Menschen gruppiert, um eine Prognose hinsichtlich ihres Risikos für eine koronare Herzerkrankung zu erfassen. Später haben Studien an verschiedenen Tierarten gezeigt, dass auch sie auf unterschiedliche Weise auf belastende Situationen reagieren können. Die beiden Kardiologen unterschieden A-Typen, die vorwiegend extrovertiertes Verhalten zeigen, und B-Typen mit introvertiertem Verhalten. Beide Gruppen können wiederum in labile sowie stabile Typen klassifiziert werden (Meyer und Rosenman 1975, Thompson 2021).
3. **Gruppierung nach dem Rangordnungsbestreben** in entweder Teamplayer-Hunde und Führungspersönlichkeiten (eigene Bezeichnung) bzw. in Gefolgs- und Leithunde nach Müller-Habermann (2022).

Zwischen den klassischen Persönlichkeitstypen gibt es zahlreiche Übergänge.

Die Typisierung der Hunde basiert auf ihrem Verhalten in Konfliktsituationen und in Situationen mit erhöhter Erregung. In einer entspannten Situation verhalten sich die Hunde ganz anders. Jagdhunde zeigen innerhalb des Hauses beispielsweise eher ihre phlegmatische

Dieser ängstliche Hund sucht Zuflucht.

Hundepersönlichkeiten und ihre Eigenschaften.

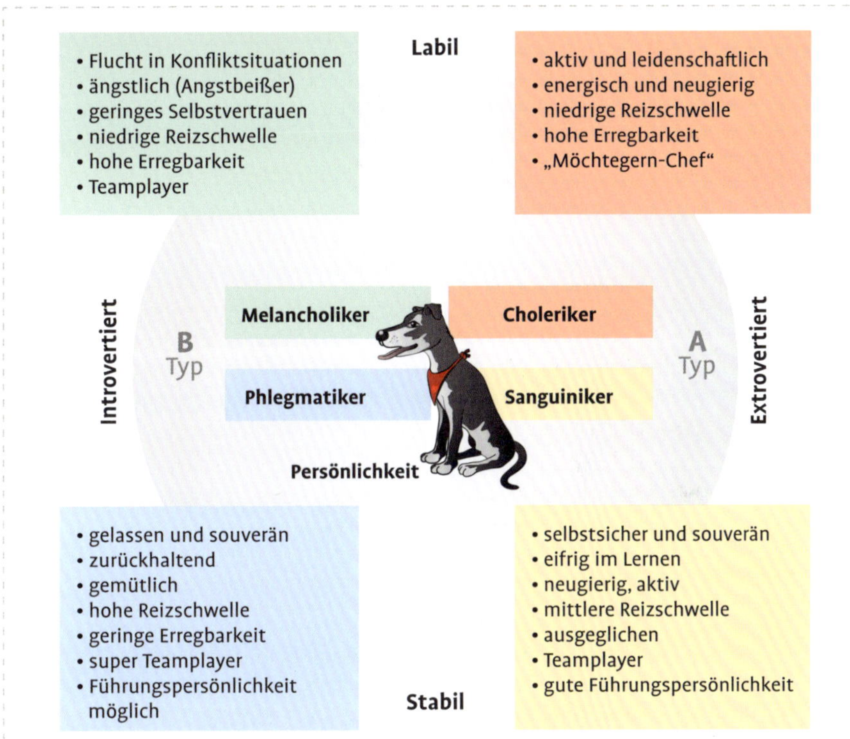

Seite. Sie sind besonders ruhig, anschmiegsam und gemütlich und haben für alle Indoor-Ereignisse eine geringe Erregbarkeit. Doch sobald es ans Jagen geht, steigt ihre Erregung und ihre cholerischen Züge kommen zum Ausdruck. Sobald sie Wild wittern, gehen sie, wenn möglich, extrem aktiv, energisch, zügellos und mit Erregung ihrer Jagdleidenschaft nach.

… mit fließenden Übergängen

Die Zuordnung von Hunden zu bestimmten Verhaltenstypen kann natürlich nicht nach einem Schubladenprinzip erfolgen. Es gibt genau wie bei uns Menschen fließende Übergänge.

Bei der Anschaffung Ihres Hundes werden Sie natürlich kein Persönlichkeitsprofil erhalten, doch die Tierschützer werden markante Wesenszüge des Vierbeiners beschreiben. Zusammen mit Ihren eigenen Beobachtungen können Sie dann Ihren Schützling relativ schnell zu einer der vier großen Persönlichkeitskategorien zuordnen. Was können Sie nun daraus ableiten?

Ist Ihr Hund melancholisch?

Wenn Sie einen sehr ängstlichen Hund adoptiert haben, der sehr schnell erregt ist und am liebsten vor allem flieht (melancholischer B-Typ), so ist dieser Hund ganz besonders auf Ihre Ruhe und Ausstrahlung von Sicherheit angewiesen. Er wird es sehr schätzen, wenn er merkt, dass er sich auf Sie verlassen kann und wird Ihnen deshalb treu folgen. Sie können in bestimmten Situationen von vornherein abschätzen, was Sie ihm zumuten können und was nicht. Letzteren Situationen gehen Sie am besten vorsorglich aus dem Weg, eine langsame Gewöhnung ist ratsam, wenn Sie das als sinnvoll erachten. Dieser Hund braucht besonders seine räumliche Fluchtmöglichkeit, also die Möglichkeit auszuweichen, andernfalls weiß er sich eventuell nicht anders zu helfen als zu beißen.

Fordert Sie Ihr Choleriker?

Wenn Sie einen Hund mit cholerischen Zügen adoptiert haben, so sprudelt er bestimmt vor Energie, möchte ständig gefallen und beschäftigt werden. Er ist vermutlich neugierig und möchte ständig etwas unternehmen. Er könnte Regeln in Ihrem Haus immer mal wieder hinterfragen, denn womöglich hat sich in den letzten Tagen etwas geändert. Wenn sich die Gelegenheit bietet, übernimmt er gern für Sie die Kontrolle (Keine Angst, Frauchen, ich regle das schon!). Durch Ihre souveräne und konsequente Führung machen Sie Ihrem Hund immer wieder klar, welche Position ihm zukommt. Dort wird er immer wieder bestätigt und wird Ihnen daher mit Feuereifer folgen und alles richtig machen wollen.

Die gelasseneren Typen

Bei einem stabilen A-Typ, der im Wesen einem Sanguiniker gleicht, können Sie sich auf seine selbstsichere und souveräne Art in Konfliktsituationen verlassen. In einem Hunderudel wäre dies ein hervorragender Rudelführer. Wenn Ihr Hund zu dieser Gruppe gehört, dann ist er unternehmungslustig, neugierig, hat Spaß am Lernen und lässt sich nicht so leicht aus der Ruhe bringen wie ein cholerischer Hund.

Hunde vom stabilen B-Typ mit dem Temperament eines Phlegmatikers sind gelassen und souverän, auch in Konfliktsituationen. Diesen gehen sie eher aus dem Weg (Der Klügere gibt nach). Nichts bringt sie so schnell aus der Ruhe. Diese Hunde können mit großer Wahrscheinlichkeit gut mit Kindern auskommen, sofern sie nicht zu schlechte Erfahrungen in ihrer Vergangenheit gemacht haben. Sie sind nicht so karrierebewusst wie die Vertreter des A-Typs, d. h. sie werden auch eventuelle Erziehungsschwächen weniger ausnutzen. Im Hunderudel eignen sich Phlegmatiker vor allem als Teamplayer oder Gefolgshunde. Aufgrund ihrer Souveränität und Gelassenheit können sie aber auch gut die Verantwortung für andere Hunde übernehmen und führen. In ihrem neuen Zuhause werden sie sich gut und problemlos ins Familienleben integrieren.

Ein Hund macht das, was sich für ihn lohnt

Unsere Hunde sind ressourcenorientiert. Von daher ist es immer gut zu wissen, was wichtig für sie ist, denn das können Sie erzieherisch nutzen.

Doch was lohnt sich eigentlich für den Hund und warum? Ist jeder Hund gleichermaßen an dem Was interessiert? Und wie versucht er, das zu erreichen? Die Abbildung auf Seite 68 gibt Antworten darauf.

Das Was wird durch die Art der Ressource bestimmt. Ressourcen sind alles, woran ein Hund zu einem bestimmten Zeitpunkt Interesse hat. Dazu gehören auch in Aussicht gestellte Belohnungen (Leckerchen, Spiel, Zuwendung).

Die Interessen sind unterschiedlich …

Die Motivation eines Hundes, zu einer Ressource seiner Wahl zu gelangen und diese zu verteidigen, ist abhängig von seinem Interesse an der jeweiligen Ressource, von der Situation, in der er sich befindet, und auch von seinem Persönlichkeitstyp.

Solange ein Hund satt ist, ist Futterbeschaffung von untergeordneter Bedeutung, denn Vorratshaltung wie bei Hamstern ist nicht sein Ding.

Schmusekontakt zum Menschen ist für Hunde unterschiedlich stark wichtig. Die sogenannten Schmusehunde buhlen regelrecht um Streicheleinheiten, andere nehmen sie nur gern an und wieder andere legen auf Streicheleinheiten wenig wert.

Sexualpartner sind für Hündinnen nur in der Phase der Läufigkeit von Bedeutung und für Rüden besonders dann, wenn sie eine läufige Hündin wittern. Diese Beispiele belegen situationsabhängige und individuell unterschiedliche Interessen.

Manche Hunde können nie genug Streicheleinheiten bekommen.

… wie die Vorgehensweisen

Die Intensität des Interesses an der Ressource und der jeweilige Persönlichkeitstyp bestimmen maßgeblich das Wie, also die Vorgehensweise des Hundes, um an das Was zu gelangen. Diese variiert von mit Nachdruck erstreiten, also fordern, bis demütig abwarten.

Sobald ein Hund lernt, dass sich sein Fordern lohnt, und er damit zum Erfolg kommt, so wird er die Intensität seiner Forderung bei der nächsten Gelegenheit erhöhen. Hunde unterscheiden sich auch in ihrer Hartnäckigkeit, also der Ausdauer, mit der sie um eine Ressource betteln, kämpfen oder werben.

Was sich alles für Ihren Hund lohnen könnte und warum.

Die beteiligten Sozialpartner (Hund und/oder Mensch) im Moment der Ressourcenbeschaffung spielen für das Verhalten der Hunde ebenfalls eine wichtige Rolle. Sie beeinflussen sowohl das Interesse an einer Ressource als auch die Vorgehensweise der Hunde, also das Wie. Da gibt es übrigens zu uns Menschen wieder einige Parallelen. Wenn mehrere Kinder Naschereien aufteilen, so sind das Interesse und der Anspruch an der einen oder anderen Nascherei viel höher in Gegenwart möglicher Konkurrenz, auch wenn der Einzelne manche Nascherei gar nicht besonders mag. Wenn mehrere Hunde zum Haushalt gehören, so verhält es sich mit dem Futteranspruch ähnlich. Sehr oft müssen die Hunde zur Fütterung separiert werden, sonst erhöht der schnellste Fresser seine Portion auf Kosten der anderen. Das muss nicht immer friedlich ablaufen.

Findet ein Hund einen Liegeplatz besonders toll und sucht ihn immer wieder auf, so werden auch die anderen Hunde diesen Platz mal ausprobieren wollen. Allein, d. h. ohne die anderen, würden sie nicht unbedingt auf diese Idee kommen. Ist der Mensch anwesend bei der Ressourcenaufteilung, so kann dieser allein durch seine Anwesenheit das Geschehen beeinflussen.

Wenn sich etwas nicht (mehr) lohnt

Wie verhält es sich nun mit dem Umkehrschluss zu der These „ein Hund macht, was sich für ihn lohnt". Also: „Was sich nicht lohnt, wird nicht gemacht." Eine Ressource, die sich für den Hund nicht lohnt, kann eine Ressource sein, an der er tatsächlich nicht interessiert ist, oder er ist durchaus interessiert, doch schätzt ein, dass er keine Chance hat, die Ressource zu bekommen (z. B. spezieller Liegeplatz).

Auch hier mag die An- oder Abwesenheit weiterer Sozialpartner eine Rolle spielen. Sobald er allein ist und der Liegeplatz erreichbar für ihn ist, wird er ihn ausprobieren. Sobald jedoch ranghöhere Hunde anwesend sind, die ebenfalls Interesse an diesem Liegeplatz dokumentieren, wird er das Feld räumen.

Hunde lernen durch Verknüpfung

Alle vier Lernmodelle, die in diesem Kapitel vorgestellt werden, basieren auf der Erkenntnis, dass Hunde durch Verknüpfung lernen. Schauen Sie, wie die Modelle funktionieren und was Sie unbedingt vermeiden müssen.

Wenn zwei Ereignisse mehrmals zeitgleich oder in einem sehr engen Zeitfenster stattfinden, bringt der Hund diese in Verbindung, d. h. sie gehören für ihn zusammen. Das eine bedingt das andere. Wenn Sie die Leine Ihres Hundes zur Hand nehmen, um gleich mit ihm spazieren gehen zu wollen, so wird er in froher Erwartung auf den Spaziergang freudig auf Sie zulaufen. Nehmen Sie seinen Futternapf in die Hand, so weiß er, dass er gleich mit seinem Futter rechnen kann. Da Sie Handlungen, wie zur Leine greifen, Ihren Hund anleinen, Start des Spazierganges schon oft in einer Handlungskette – also in einem relativ engen Zeitfenster – durchgeführt haben, weiß Ihr Hund, was der Griff zur Leine bedeutet.

Übrigens, Hunde können auch anhand der Routineabläufe im Haushalt erkennen, ob und welche Aktivität sich gleich abspielen wird, und ob sie dabei involviert sein werden oder nicht. Der Griff zur Einkaufstasche kann signalisieren, aha, jetzt geht er/sie allein weg und ich bleibe für eine Weile zu Hause.

Die Lernfähigkeit der Hunde, zwei zeitgleich stattfindende Ereignisse miteinander in Verbindung zu bringen, kann Ihnen bei der Erziehung – und erst recht bei der Dressur (Seite 86) –helfen. Dazu können Sie theoretisch vier verschiedene Prinzipien nutzen und diese auch kombinieren.

Positive Belohnung ist prima

Am schönsten für den Hund ist die Erziehung durch positive Belohnung. Dabei wird ein gutes Verhalten oder eine gute Aktion, die Ihr Schützling gerade ausführt, mit etwas Angenehmen belohnt, also verstärkt. Sobald Ihr Hund die Verknüpfung zwischen dem gezeigten Verhalten und seiner Belohnung hergestellt hat, wird er dieses Verhalten häufiger zeigen, um erneut an die Belohnung zu kommen. Diese Erziehungsstrategie eignet sich besonders gut für die Einübung neuer Kommandos und Tricks.

Die Verstärkung des guten Verhaltens erreichen Sie nicht nur durch die Gabe von Leckerchen, sondern auch durch verbales Lob oder Streicheln, manchmal auch nur, indem Sie ihn freundlich anschauen, Ihrem Hund also Aufmerksamkeit schenken.

Diese Erziehungsstrategie können Sie von Anfang an für Ihren Tierschutzhund nutzen. Sobald Ihr Hund etwas macht, was Ihnen gefällt, so loben Sie ihn mit ruhigen Worten. Wenn Sie Ihren Hund bei seinem Namen rufen, und er kommt daraufhin zu Ihnen, sollten Sie ihn freundlich loben. Ein besonders gutes Leckerchen verstärkt das Herankommen zusätzlich.

Eine „negative Belohnung“ bzw. Verstärkung ist eine zweite Möglichkeit der Erziehung, die aber so, wie sie in der Abbildung auf Seite 70 beschrieben ist, nicht geeignet ist. Das

Prinzip dieser Methode besteht darin, dem Hund etwas Unangenehmes (z. B. Druck auf sein Hinterteil) zuzufügen, bis er das gewünschte Verhalten zeigt. Er setzt sich schließlich wie erwünscht hin, um dem Druck auszuweichen.

Positive Strafe – die Dosis macht das Gift

Eine weitere Erziehungsstrategie ist die der positiven Strafe. Positiv steht hier für das Hinzufügen von etwas Unangenehmem, während der Begriff negativ in diesem Erziehungsmodell immer das Wegnehmen oder Versagen von etwas Angenehmem bedeutet.

Das Zufügen von körperlichem Schmerz als positive Strafe bei unerwünschtem Verhalten ist grundsätzlich tabu. Andere positive Strafen wären z. B. eine schrill erklingende Rassel in einem frühen Moment der Missetat oder ein Sprühstoß aus einer Wasserflasche. Durch den Schreck würde der Hund von seinem Vorhaben ablassen. Ein Sprühstoß oder eine Rassel setzen ausschließlich auf Schreck, ohne dass klar wird, wer was will. Auch dieses Strafmaß ist nicht zu empfehlen, schon gar nicht für traumatisierte Hunde.

Angemessen korrigieren

Verbale und körpersprachliche Korrekturen des Hundes sind in seiner Erziehung unumgänglich. Ein klares Verbot oder ein körpersprachliches Wegschicken muss in bestimmten Situationen sein. Auch ein strafender Blick, z. B. beim Betteln am Tisch, kann die gewünschte Wirkung zeigen.

Erziehungsmodell mit vier verschiedenen Grundprinzipien (Quelle Seite 186).

Positive Belohnung/Verstärkung Etwas Angenehmes wird **hinzugefügt** z. B. ein Lob bzw. Leckerchen für gutes Verhalten. **Emotion:** Freude Gute Erziehungsoption	**Negative Belohnung/Verstärkung** Etwas Unangenehmes wird **entfernt** z. B. Druck aufs Hinterteil des Hundes beim SITZ lernen – Hund setzt sich, um dem Druck auszuweichen. **Emotion:** Erleichterung Keine gute Erziehungsoption
Positive Strafe Etwas Unangenehmes wird **hinzugefügt** z. B. akustischer Reiz (Rassel), Sprühstoß im Moment des negativen Verhaltens, was den Hund vom negativen Verhalten abbringen soll. **Emotion:** Angst, Unsicherheit, Schmerz Keine gute Erziehungsoption	**Negative Strafe** Etwas Angenehmes wird **entfernt** oder einer Forderung wird nicht nachgegeben z. B. ein in Aussicht gestelltes Leckerchen wird nicht gegeben (Schade). **Emotion:** Enttäuschung, Frust Angemessene Erziehungsoption!

Strafen – wie ist das gemeint?

Ganz ohne Strafe werden Sie in der Erziehung Ihres Hundes trotzdem nicht auskommen. Es ist hierbei allerdings entscheidend, was unter Strafe verstanden wird.

Angemessene Korrekturmaßnahmen durch zuvor eingeübte Signalwörter, körpersprachliche Begrenzung oder das Wegführen des Hundes an einer Leine von einer bestimmten Stelle, sind akzeptable Maßnahmen. Ein plötzlicher Zischlaut oder ein scharfes *Hey* ganz kurz vor einer losbrechenden Leinenaggression ist auch eine positive Strafe und auch mit einem gewissen Schreck beim Hund verbunden. Allerdings ist diese Korrektur ein klares Zur-Ordnung-Rufen vom Halter. Es signalisiert dem Hund, Freundchen, hier bin ich derjenige der die Dinge regelt und nicht du. Diese Maßnahmen werden vom Hund auch als unangenehm und damit als Strafe empfunden. Schließlich bekommt er nicht, was er will.

Diese Form der Strafe kann aber leider nicht jedes unerwünschte Verhalten korrigieren. Ein strafender Blick kann einen Jagdhund nicht von der Hatz nach dem vorbeilaufenden Hasen abhalten. Diese und andere Missetaten, die selbstbelohnend sind, halten Herausforderungen für Sie bereit (Seite 114).

Negative Strafe richtig anwenden

Die vierte Erziehungsoption wurde als negative Strafe bezeichnet. Aufgrund einer Missetat wird etwas Angenehmes für den Hund entfernt. Ein Welpe, dessen Spiel mit seinem Menschen sehr grob ist, wird z. B. durch die Beendigung des Spiels gestraft. Sollte er in der nächsten Spielrunde dasselbe grobe Verhalten zeigen, so erfolgt konsequenterweise wieder ein Stopp, bis der Hund schließlich versteht, wie intensiv er spielen darf, um nicht durch Grobheit den Abbruch des Spiels zu riskieren.

Wenn Sie Ihren Hund in bestimmten Situationen ignorieren, so kann das ebenfalls eine wirksame negative Strafe für ihn sein, allerdings nur, wenn er mit seinem Verhalten Aufmerksamkeit erreichen will. Wenn Ihr Hund also ständig um Ihre Aufmerksamkeit buhlt und durch Winseln und Anstupsen versucht, Sie „einzuwickeln“, dann ignorieren Sie ihn, bis er von sich aus von dieser Methode ablässt.

Schauen Sie ihn nicht an, reden Sie nicht mit ihm, stupsen Sie ihn nicht weg und schimpfen Sie nicht mit ihm. Sobald Sie in irgendeiner Form auf seine Unternehmungen reagieren, verstärken Sie sein aufdringliches Verhalten.

Wenn Ihr Hund versucht, Stress durch unerwünschtes Verhalten abzubauen, so ist auch dafür Ignorieren nicht die geeignete Methode zur Korrektur, sondern kann sogar kontraproduktiv sein. Ein Beispiel ist, wenn Ihr Hund fürchterliche Angst vor Gewitter oder vor Feuerwerk hat. Möglicherweise versucht er ständig, an Ihnen hochzuklettern und würde am liebsten in Sie reinsteigen, so sucht er sozialen Schutz. Wie Sie in solchen Situationen am besten verfahren können, erfahren Sie auf Seite 127 ff.

Ignorieren hilft hier nicht

Selbstbelohnende Missetaten, wie z. B. Jagen, Futterstehlen, An-der-Leine-Ziehen, können nicht durch Ignorieren korrigiert werden. Dasselbe gilt für Verhaltensweisen, die dem Stressabbau dienen.

Hunde verknüpfen auch Unerwünschtes

Unerwünschtes Verhalten des Hundes wird oft unbeabsichtigt belohnt und damit verstärkt. Folgende Beispiele helfen Ihnen, Ihre gewohnten Interaktionen mit Ihrem Hund zu hinterfragen.

Wenn Ihr Hund ungeduldig winselt, um dadurch schneller an sein Futter zu kommen, und Sie gehen darauf ein, indem Sie ihm gut zureden, so wird er beim nächsten Mal noch eindringlicher um sein Futter betteln. Er hat die Lernerfahrung gemacht, ich winsele und schon kommt mein Futterservice. Vorsicht! Mit diesem Verhalten mögen Sie Ihren Hund zunächst nur zum Betteln erziehen, doch ruckzuck kann aus dem Betteln Fordern werden. Wie Sie am besten mit Unruhe umgehen, erfahren Sie auf Seite 113 ff.

Lassen Sie sich drängen?

Winseln und Unruhe aufgrund von positiven Erwartungen können sich ganz schnell breitmachen, z. B. auch vor dem Spaziergang. Sie machen sich ausgehfertig. Ihr Hund hat längst bemerkt, was abgeht und freut sich natürlich riesig. Er springt vor lauter Ungeduld herum und an Ihnen hoch, fiept und bellt vor lauter freudiger Erregung. Sie geben sich alle Mühe, um schnell zu sein und steigern Ihr Tempo beim Anziehen, Geschirranlegen und Leine anmachen. Endlich ist alles geschafft und Ihr Hund stürzt aus der Wohnung – mit Ihnen im Schlepptau. Seine Lernerfahrung: „Nicht nur ich bin aufgeregt und kann es nicht erwarten, sondern auch mein Frauchen/Herrchen. Genau so muss es ablaufen."

Wie Sie die Impulskontrolle Ihres Hundes verbessern können, erfahren Sie auf Seite 113 ff. und im Serviceteil auf Seite 186.

So lernt Ihr Hund, lautstark zu kommentieren

Sie wohnen in einem Mehrfamilienhaus. Sie sitzen gemütlich im Wohnzimmer und plötzlich schlägt Ihr Hund an, weil jemand im Treppenhaus auf und ab geht. Sie rufen Ihren folgsamen Hund zu sich, damit er das Bellen lässt. Das klappt auch, Ihr Hund kommt ganz brav. Dafür gibt es jetzt ein Leckerchen für das bereitwillige Kommen, so meinen Sie. Sobald der nächste Mieter heimkommt und in seine Wohnung will, dasselbe Spiel: Ihr Hund macht Meldung, wird gerufen und belohnt, weil er gekommen ist. Ihr Hund hat gelernt: „Ich melde, laufe zu Frauchen oder Herrchen und werde belohnt. Ich werde immer schön aufpassen, dass hier keiner ohne meine Ansage rein oder raus geht." Motivieren Sie Ihren Hund, dass er bei Geräuschen im Treppenhaus auf seinem Bettchen bleibt oder sich zumindest ruhig verhält. Sobald er sich ruhig und entspannt verhält, kann er belohnt werden.

Wenn sich das Ziehen an der Leine immer mal wieder lohnt, dann wird es zur Gewohnheit.

Wer erzieht wen?

Ihr Hund winselt vor der geschlossenen Zimmertür, weil er zu Ihnen möchte. Geschwind öffnen Sie ihm die Tür. Das mehrfache Öffnen der Tür im Moment des Winselns lehrt Ihren Hund, dass sich die Tür immer durch sein Winseln öffnet. Also wird gewinselt, wenn die Tür aufgehen soll. Es ist besser zu warten, bis er sich ruhig verhält, bevor Sie die Tür öffnen. Es sei denn, Sie haben ein biologisches Bedürfnis Ihres Hundes ausnahmsweise aus dem Blick verloren und das Winseln bezieht sich auf sein dringendes Bedürfnis, sich zu lösen.

Während des Spazierganges an der Leine erregt irgendetwas das Interesse Ihres Hundes. Ungeachtet der Leinenlänge sprintet er los, um rauszukriegen, was abgeht. Dabei spannt sich die Leine, und er zieht und zieht weiter. Sie geben dem Zug an der Leine nach, denn warum sollte er nicht seinem Forscherdrang nachgehen? Da er jedoch mit dem Ziehen an der Leine seinem Ziel näher kommt, schätzt er das als Erfolg und Belohnung ein und wird das Ziehen an der Leine auch zukünftig zeigen.

Ihr Verhalten bei Hundebegegnungen

Beim Spaziergang an der Leine begegnet Ihnen der Erzfeind Ihres Hundes. Ihr Hund hat ihn sofort identifiziert, pumpt sich schon etliche Meter vor der Begegnung auf und legt sich dann mit Riesengebell an der gespannten Leine ins Zeug. Ihnen platzt vor lauter Unverständnis fast der Kragen, und Sie schimpfen von hinten lautstark. Damit ist für Ihren Hund nun klar, dass der Erzfeind tatsächlich ein schlimmer Artgenosse ist, denn schließlich bellt auch Frauchen/Herrchen mit.

Eine andere Situation: Sie haben einen kleinen und sehr ängstlichen Hund, der beim Spaziergang an der Leine andere angeleinte Hunde trifft. Weil Sie seine Angst kennen, nehmen Sie ihn auf ihren Arm, man weiß ja nie. Das Hochnehmen des Hundes im Moment des Gewahrwerdens des anderen Artgenossen wertet Ihr Hund als ernste Bedrohung durch den anderen Hund, denn wenn er auch noch auf den Arm darf, dann muss der andere tatsächlich sehr gefährlich sein. Versuchen Sie besser ohne viel Aufhebens, die Distanz zum anderen Hund beim Aneinander-Vorbeilaufen zu vergrößern, ohne den Hund auf Ihren Arm zu nehmen. Sobald Ihr Hund ohne Angstsignale zu zeigen vorbeigeht, können Sie ihn loben.

Oder diese Situation: Sie haben einen kleinen Choleriker, der selbst bei einer vorbeilaufenden Dogge diese so richtig ankläffen würde. Deshalb nehmen Sie ihn auf den Arm, denn so haben Sie ihn besser unter Kontrolle. Ihr Hund glaubt nun: „Donnerwetter, jetzt bin ich aber groß, also noch mächtiger als zuvor. Jetzt geht es erst richtig los!“ Auch hier hilft die Vergrößerung der Distanz zum anderen Hund, ohne den Hund hochzunehmen.

Auf Seite 156 ff. erfahren Sie, wie aggressive Begegnungen in der Regel ablaufen und zu welchem Zeitpunkt Sie Ihren Hund korrigieren können.

Kleine Hunde tragen?

Es soll nicht der Eindruck erweckt werden, dass kleine Hunde in einer Begegnungssituation nie auf den Arm genommen werden dürfen. Wenn Ihnen ein (großer) freilaufender Hund entgegenkommt, der Ihnen unbekannt ist und dessen Absicht Sie nicht einschätzen können, so empfiehlt es sich tatsächlich, dass Sie ihren kleinen Hund auf den Arm nehmen. Gehen Sie kommentarlos mit Ihrem Hund auf dem Arm am anderen Hund vorbei, bis Sie eine Distanz erreicht haben, bei der Sie Ihren Hund wieder absetzen können.

Hunde verstehen Ihre Körpersprache

Da Hunde sehr gute und ausdauernde Beobachter sind, empfangen sie von uns ständig Botschaften, ob wir das wollen oder nicht. Das führt manchmal zu überraschenden Reaktionen.

Hunde kommunizieren vorrangig körpersprachlich, d. h. sie drücken sich durch bestimmte Körperhaltungen, -bewegungen und Mimik aus. Zusätzlich dazu nutzen sie Lautäußerungen, um sich mitzuteilen. Botschaften von ihrem Gegenüber (Menschen, andere Tiere) erhalten sie ebenfalls durch körpersprachliches Verhalten, Mimik, Gerüche und Lautäußerungen.

Die Beobachtungsgabe Ihres Hundes ist sehr akkurat und seine Interpretation der beobachteten Signale geht blitzschnell.

Wir sagen A und meinen B

Oft ist das, was wir unbewusst mit unserer Körpersprache ausdrücken gar nicht das, was wir bewusst unserem Hund durch verbale Äußerungen sagen. Wenn es Ihnen auch so geht, dann erklärt sich, wenn Ihr Hund zuweilen irritiert ist. Wenn sie z. B. nach kurzer Abwesenheit heimkommen und registrieren, dass Ihr Hund sich am Sessel zu schaffen gemacht hat, dann wissen Sie genau, dass ein verbales Donnerwetter nicht hilft. Ihr Hund könnte den Tadel nicht mehr mit der Missetat in Verbindung bringen. Sie schlucken also Ihren Ärger runter und sagen nichts. Doch Sie sind verständlicherweise sauer. Ihre Gefühle (Ärger, Enttäuschung oder Wut) beeinflussen sowohl Ihre Körperhaltung als auch Ihre Chemie, indem sich Ihre Hormonproduktion (Stresshormone) umstellt. Ihr Hund bemerkt aufgrund seiner feinen „Antennen“ (Geruchssinn, Körpersprache), dass Sie ärgerlich sind und beschwichtigt, ohne den Grund Ihrer Verstimmung zu kennen. Häufig sagen Hundebesitzer: „Der weiß genau, was er falsch gemacht hat.“ Doch eigentlich will er sie nur milde stimmen, ohne dass er den Grund ihrer Verärgerung kennt.

Was die Kommunikation erschwert

Ihre Körpersprache spielt in jeder Interaktion mit Ihrem Hund eine sehr wichtige Rolle, besonders wenn er aufgrund seines schlechten Vorlebens wenig mit Menschen sozialisiert worden ist und ihm deshalb die verbale Kommunikation fremd ist. Erschwerend kommt hinzu, dass

» jeder Mensch körpersprachlich individuell kommuniziert,
» auch wir Menschen Persönlichkeitstypen zugeordnet werden können, manche sind z. B. besonders lebendig bis hektisch, andere ruhiger, (auch große Menschen mit lauter und tiefer Stimme können bedrohlich wirken),

Ein körpersprachlich respektvolles Miteinander zwischen dem Mädchen und ihrem Hund.

Ein Beispiel

Lucky ist ein Schäferhund-Mischling aus Rumänien. Er wurde als Tierschutzhund in fortgeschrittenem Alter von einem lieben Ehepaar adoptiert. Er ist ein überdurchschnittlich ängstliches Tier und reagiert sehr sensibel auf die Körpersprache und auch auf die Lautäußerungen seiner Menschen. Da Frauchen deutlich kleiner ist als Herrchen und ihre Stimme heller und leiser klingt, hat sie recht schnell das Vertrauen von Lucky gewinnen können. Sie bewegt sich zudem langsamer als Herrchen, was es Lucky einfach macht, sie zu beobachten und einzuschätzen. Die Kontaktaufnahme von Herrchen ist genauso freundlich und liebevoll gemeint, doch Lucky reagiert mit sehr vielen Angstsignalen: Er duckt sich sofort bei versehentlich lautem Reden oder zieht die Rute ein und weicht aus. Mehrere Monate nach der Adoption zeigte sich eine Tendenz der Besserung. Lucky verdankt die positive Entwicklung nicht nur der Gewöhnung an seine Familie und sein neues Zuhause, sondern vor allem der Lernbereitschaft seiner Adoptiveltern, die in der Kommunikation mit Lucky sehr bewusst auf ihre Körpersprache achten.

» kleine Kinder Körperhaltungen haben und Bewegungen ausführen, die sich stark von denen der Erwachsenen unterscheiden (zusätzlich unterscheiden sie sich stimmlich und oft auch in der Lautstärke von Erwachsenen, siehe Seite 146),
» Senioren und behinderte Menschen anders auf Hunde wirken als gesunde Erwachsene.

Menschen, die z. B. gebeugt laufen oder gehbehindert sind und deshalb auf einen Gehstock oder ein anderes Hilfsmittel angewiesen sind, können für den Hund befremdlich oder gar bedrohlich aussehen, ganz besonders dann, wenn dieser Hund in seiner Vergangenheit Negativerfahrungen mit Stöcken machen musste.
Glücklicherweise sind Hunde clever und lernen in aller Regel schnell, sich auf körpersprachliche Dialekte ihrer Menschen einzustellen, doch es gibt auch Ausnahmen. In der Eingewöhnungsphase empfiehlt es sich besonders, wenn Sie achtsam auf Ihre Körpersprache achten.

Hunde sind sensibel

Hund haben feinfühlige Antennen, was sie zu respektablen Sozialpartnern macht. Ihr beider Miteinander funktioniert getreu dem Sprichwort: „Wie man in den Wald hineinruft, so schallt es heraus."

Da Ihr Hund Sie intensiv beobachtet, erfasst er auch ohne verbale Kommunikation, was in Ihnen vor sich geht. Ihre Stimmungslage überträgt sich auf Ihren Hund. Das kann Vor- und Nachteile haben.

Ihre Stimmungen übertragen sich

Wenn Sie einen richtig tollen Tag hatten, super gut drauf sind und nun abenteuerlustig mit Ihrem Hund zum Spaziergang starten, so wird er beglückt mit Ihnen um die Häuser ziehen. Mit Lust und Freude motivieren Sie Ihren Hund immer wieder erfolgreich, und Sie werden beide viel Spaß haben.

Wenn Sie dagegen gestresst von der Arbeit kommen, den Kopf noch immer voller Gedanken und Sorgen haben, dann steht Ihnen natürlich nicht der Sinn nach einer großen Unternehmung mit Ihrem Hund und der Nachmittag wird anders ausfallen. Entweder Sie kommen gar nicht so recht in Gang, oder Sie sind extrem ungeduldig und wollen die

Bei einem ausgelassenen Spiel mit Ihrem Hund können Sie Ihre Sorgen für eine Weile vergessen.

Ihr Hund merkt, wenn es Ihnen nicht gut geht und passt seine Stimmung entsprechend an.

Wechselseitige Stimmungsübertragung

Die Übertragung der Stimmung erfolgt in beide Richtungen. So wie Ihre Stimmung sich auf ihren Hund überträgt, so ist die Übertragung der Stimmung Ihres Hundes auf Sie ebenfalls möglich. Der Umgang mit einem sehr aktiven und hektischen Hund kann schnell dazu führen, dass auch sein Besitzer unruhig wird und eventuell sogar unbeherrscht reagiert.

Unternehmung mit Ihrem Hund möglichst schnell hinter sich bringen. Und dann wuselt der Hund auch noch rum, und Sie bekommen ihn gar nicht schnell genug an die Leine. Er zieht und zerrt, und sie sind völlig entnervt. Ihre Ungeduld, Ihren Frust und Ihre schlechte Stimmung nimmt der Hund wahr und deshalb reagiert er ebenfalls zapplig, was Sie wiederum noch nervöser macht. Manchmal ist der Alltag wirklich eine Herausforderung! Das versteht jeder. Was können Sie machen?

Eine kurze Auszeit für Sie

Starten Sie Ihre gemeinsam Unternehmung mit einer Pause für sich selbst, um runterzukommen, nur 10 Minuten. Setzen Sie sich am besten zu Ihrem Hund. Wenn er sowieso einige Stunden auf Sie gewartet hat, dann sind 10 weitere Minuten nicht schlimm. Er lernt dabei, dass Ihr Wiederkommen nicht gleich mit einem großem „Halli-Galli“ verknüpft sein muss.

Während Ihrer kurzen Pause kommen Sie runter und machen sich klar, dass Sie gleich nur für Ihren Hund da sein werden. Alles andere kann warten. Sie gehen gemeinsam so ruhig wie möglich in die gemeinsame Unternehmung. Sie müssen kein bestimmtes Programm abarbeiten. Machen Sie etwas, was nicht zu viel von Ihrem Input erfordert, vielleicht fahren Sie gern mit dem Fahrrad? Auch Schnüffelspiele im Garten sind ganz gut. Wenn Sie sich für eine festgesetzte Zeit wirklich nur auf Ihren Hund einlassen, werden Sie sehen, wie sich innerhalb dieser Zeit Ihre eigene Stimmung verbessert, was automatisch zu einer schöneren gemeinsamen Aktivität führt.

Ihr Hund wird akzeptieren, wenn die absolute Zeitdauer ihrer gemeinsamen Beschäftigung heute mal kürzer ausfällt, und Sie können anschließend etwas regeneriert an die wartenden Arbeiten gehen.

Die Sache mit der Erwartungshaltung

Ein Musterbeispiel für Stimmungsübertragungen ergibt sich immer wieder bei aggressiven Hundebegegnungen. Wenn Sie einen Passanten mit Hund herankommen sehen, den Ihr Hund garantiert anmotzen wird (so ihre Erwartungshaltung), so wird das auch genauso ablaufen. Durch die gefürchtete und für Sie unangenehme Erwartung „Gleich geht das Gezeter los, hoffentlich kann ich meinen Hund halten etc. “, die von Ihren Erfahrungen aus ähnlichen Situationen stammen, ändern Sie unbewusst Ihre Körperhaltung zu unsicher bis ängstlich oder ärgerlich. Zusätzlich produzieren Sie Stresshormone, die Ihr Hund wahrnehmen und deuten kann.

Kennen Sie Aussagen wie: „Begegnungen mit kleinen Hunden funktionieren gut, nur wenn große Hunde kommen, dann reagiert mein Hund panisch!“ oder „Mein Hund motzt nur Schäferhunde an, weil er sich mit einem Schäferhund mal eine Rauferei geliefert hat?“ Hand aufs Herz, ist es vielleicht doch nur so, dass Sie diese entsprechenden Begegnungen in negativer Erinnerung haben? Das prägt Ihre Erwartung entsprechend, was wiederum zu entsprechendem Verhalten Ihrerseits führt.

Hunde nutzen Körpersprache und Geruch, um sich gegenseitig einzuschätzen, Rassezugehörigkeit wohl weniger. Nicht berücksichtigt in diesem Zusammenhang sind Missverständnisse in der hündischen Kommunikation, die tatsächlich durch rassetypische „Dialekte“ auftreten können.

Sensibler Umgang zahlt sich aus

Da Hunde sensible Antennen haben, empfiehlt sich immer ein feinfühliger Umgang mit ihnen. Hunde, die stets nur angebrüllt werden, werden auch nur noch auf lautstarke Kommunikation reagieren, wenn überhaupt. Sie sind abgestumpft und haben sich an den miesen Ton ihres Herrn gewöhnt – so gut es geht. Wenn Sie dagegen immer leise mit Ihrem Hund reden und auch Kommandos nur leise geben, so wird er automatisch aufmerksamer auf Ihre Worte hören, um nichts zu verpassen.

Aufgrund der Sensibilität der Hunde sollten Sie auch beachten, dass Sie nie über Ihren Hund lachen sollten im Sinne von „sich über ihn lustig machen“. Es sieht zuweilen drollig aus, wenn Ihr Hund sich über einen Gegenstand, der ihm (noch) fremd ist, echauffiert. Ein Beispiel: Er sieht zum ersten Mal einen Schneemann und will diesen durch wüstes Gebell vertreiben. Bedenken Sie die Emotion Ihres Hundes, die hinter dieser Reaktion steckt. Lachen Sie nie über ihn, wenn er aufgebracht, frustriert oder aus Angst auf Attacke setzt. Das könnte ihn noch wütender machen. Eine solche Reaktion ist auch menschlich, nicht wahr? Im genannten Beispiel können Sie gemeinsam mit ihm zum Schneemann gehen. Ihr Hund merkt sehr schnell, dass davon keine Gefahr ausgeht und beruhigt sich von allein.

Eine andere Situation ist gegeben, wenn Ihr Hund lustig drauf ist und im Spiel ein Verhalten zeigt, dass Sie amüsiert. Darüber können Sie natürlich auch lachen.

Was Hunde nicht mögen

Durch unsere unbewusste Körpersprache ergeben sich gelegentlich Situationen, die Hunden Angst machen können. Bei Kenntnis der Dinge sind solche Situationen vermeidbar.

Ihr Hund mag es z. B. nicht, wenn Sie sich über ihn beugen. Wenn Sie einen kleinen Hund haben und ihm Geschirr und Leine anlegen wollen, dann passiert es ganz schnell, dass Sie sich zu ihm runterbeugen. Wenn Ihr Hund besonders ängstlich ist, dann fühlt er sich bedrängt. Viele Hundehalter bemerken gar nicht, wenn sich ihr Hund plötzlich duckt, weg beugt, sich beleckt oder ausweichen möchte.

Vielleicht können Sie zum Zweck des Anleinens Ihres kleinen Hundes in die Hocke gehen. Oder Sie haben ein geeignetes, nicht zu hohes Möbelstück (Bank, Truhe), auf das Ihr Hund springen darf oder Sie ihn heben. Das entsprechende Möbelstück darf dann konsequenterweise Ihr Hund aber immer nutzen.

Besonderes Augenmerk ist für alle Kind-Hund-Interaktionen nötig. Kleine Kinder können zuweilen recht stürmisch sein, und sie möchten ihrem Hund gegenüber Liebe ausdrücken. Allerdings mögen es Hunde nicht, umarmt und festgehalten zu werden.

Viele Hunde mögen es auch nicht, von oben über den Kopf gestreichelt zu werden. Möglicherweise können sie dabei die Hand des Streichlers nicht oder zu wenig beobachten. Genauso unschön finden sie einen liebevoll gemeinten Klatscher auf ihren Po.

Manches, was Kinder machen

In einem Jagdspiel zwischen Ihnen und Ihrem Hund können sie sich auch kurz mal gegenseitig hinterherrennen, doch Hunde lassen sich nicht gern von Kindern jagen. Hunde können dies zwar auch als Spiel werten, doch die Gefahr, dass das Spiel kippt und dies als Angriff gesehen wird, ist ebenfalls gegeben.

Ihr Hund wird je nach Typ und Vorleben seine Ressourcen mehr oder weniger stark verteidigen. Kinder sollten deshalb Ihrem Hund nie einen Kauknochen, Spielzeug, ein Leckerchen oder ein Stock, mit dem Ihr Hund gerade spielt, wegnehmen wollen. Ein Hund möchte außerdem genauso wenig wie wir bei seiner Mahlzeit gestört werden. Nicht nur Kinder auch Erwachsene sollten ihren Hund unbedingt in Ruhe fressen lassen.

Hunde mögen es generell nicht, bedrängt zu werden. Wenn sie sich auf ihrem Ruheplatz befinden, so sollte sie dort niemand stören.

Wegschauen ist höflich

Ein Anstarren wird von Hunden als unhöflich interpretiert. Wird der Blick dagegen abgewendet, so empfinden Hunde das als freundlich. Beobachten Sie einmal, wie befreundete Hunde miteinander umgehen und ob sie sich in die Augen schauen.

Räume nehmen

Für Hunde sind Räume von großer Bedeutung. Sie mögen es daher auch nicht, wenn ihr Hoheitsgebiet verletzt wird. Da Hunde gern den Raum unter einem Tisch einnehmen (möglichst während der Mahlzeit der Familie), sollten Sie Ihrem Kind nicht gestatten, sich dazuzugesellen. Besser ist es allerdings, wenn der Hund bei der Mahlzeit der Familie nicht unter dem Tisch eine „Staubsauger-Funktion" übernimmt, indem er auf jedes runterfallende Krümelchen wartet. Er ist auf seinem Liegeplatz besser aufgehoben. Führen Sie einfach dieses Ritual konsequent ein, und Sie werden alle entspannte Mahlzeiten genießen können.

Wie Kinder auf Hunde wirken können

Kinder, die quieken, schreien und davonlaufen, verhalten sich aus Hundesicht oft wie Beute. Beute rennt der Hund gern mal hinterher, um sie zu schnappen. Kinder reißen auch oft die Arme hoch und machen sich damit groß. Das kann ein Hund als bedrohlich für ihn werten.

Hunde mögen keine Umarmungen. Der Hund zeigt sein Unbehagen, indem er sich vom Kind weg neigt.

Hilfreiches Training für viele Gelegenheiten

Wie Ihr Hund zum Familienhund wird

Wie Sie Ihren Hund in verschiedenen Alltagssituationen erfolgreich anleiten können, erfahren Sie hier. Viele Tipps lassen sich leicht umsetzen.

Die Erziehung eines Hundes zum Familienhund bedeutet seine lebenslange, artgerechte Führung durch seine Menschen innerhalb eines bestehenden sozialen Umfeldes: Der Hund soll entspannt und konfliktarm in der menschlichen Gesellschaft leben können.

Die erzieherische Führung des Hundes erfolgt mit Verständnis, nach klaren und konsistenten Regeln, mit liebevoller Konsequenz und bietet dem Hund ausreichend körperliche und geistige Auslastung, ohne ihn zu überfordern.

Erziehung, um stressfrei leben zu können

Der Hund soll durch die Erziehung – seiner lebenslangen Führung – mit der menschlichen Gesellschaft gut und einvernehmlich klarkommen. Er soll sich in seinem Zuhause und Umgebung gut integrieren, sodass er sich dort wohlfühlt und damit ein stressfreies Leben führen kann.

Verantwortlich für die Erziehung des Hundes ist sein Mensch. Zusätzlich zum offiziellen Besitzer haben auch alle weiteren zweibeinigen „Rudelmitglieder" im Zuhause des Hundes Einfluss auf seine Erziehung. Das kann vorteilhaft sein, sofern alle an einem Strang ziehen.

Unterschiedliche Strategien in der Erziehung verwirren den Hund. Klar strukturierte Abläufe im Zuhause geben ihm dagegen Sicherheit.

Durch konsequente Führung

Lebenslange Führung bedeutet auch, dass dem Hund jederzeit klar, angemessen und verlässlich kommuniziert wird, welches Verhalten erwünscht ist und was er unterlassen soll.

Konsequente Erziehung bedeutet gleiches Handeln in gleichen Situationen. Mit anderen Worten ausgedrückt: Gleiche Missetaten des Hundes führen immer zu der gleichen wirksamen Korrekturmaßnahme seines Menschen.

Ihr konsequentes Handeln und Verhalten in der Haltung Ihres Hundes sorgt nicht nur dafür, dass er schneller lernen kann, sondern macht Sie auch verlässlich. Wenn ein Hundebesitzer seinen Hund fürs Anspringen manchmal streichelt und manchmal ausschimpft, muss dieser Mensch aus der Sicht des Hundes unberechenbar sein, auch in anderen Situationen.

Ein Hund, der zur Mahlzeit seiner Familie am Tisch bettelt, doch von keinem Familienmitglied je – also niemals – einen Happen vom Tisch bekommt, wird in dieser Hinsicht konsequent erzogen. Er wird das Betteln einstellen, da es ja sowieso nicht zum Erfolg führt. Wenn allerdings Frauchen konsequent ist und den Hund nie vom Tisch füttert, doch Herrchen dem Hund ab und zu ein Stück Wurst runter reicht, so wird der Hund das Betteln

„Bei Herrchen unterm Tisch ist der beste Platz, er steckt mir ab und zu etwas Leckeres zu."

nicht lassen. Er wird immer wieder und bei allen Familienmitgliedern betteln, in der Hoffnung, jemanden erweichen zu können. Sein Lieblingsplatz am Tisch wird bei Herrchen sein.

Ihr Hund springt Sie und alle Besucher zur Begrüßung freudig an. Sie sind dabei, ihm das Anspringen abzugewöhnen und haben alle Familienmitglieder und Besucher genau unterrichtet, wie Sie sich zu verhalten haben. Das klappt auch recht gut, bis die nette Nachbarin Ihren sie anspringenden Hund geradezu in die Arme schließt und behauptet, das wäre doch gar nicht so schlimm, denn schließlich habe sie ja ihre alte Gartenhose an. Nun können Sie erziehungstechnisch wieder von vorn beginnen. Ihr Hund unterscheidet nicht zwischen einer Sonntags- und einer Gartenhose. Er hat aber von der netten Nachbarin wieder prompt die Bestätigung erhalten, dass das Anspringen so schön sein kann.

Managementmaßnahmen sind Teil der Erziehung …

Beim Management handelt es sich um Maßnahmen, die ein unerwünschtes Verhalten von vornherein verhindern. Hierbei geht es nicht um Erziehung, denn der Hund wird durch bestimmte Maßnahmen situationsbedingt gelenkt oder ferngehalten. Dafür braucht er ein gewisses Verhalten nicht zu lernen. Ein gut funktionierendes Management des Hundealltags reicht manchmal als alleinige Maßnahme in bestimmten Situationen für ein harmonisches Miteinander aus. Management kann Teil der Erziehung sein.

Managementmaßnahmen können sowohl für Ihren Hund als auch für Sie ausgesprochen hilfreich sein. Sie verleihen zusätzlich Sicherheit, erleichtern den Umgang mit Ihrem Hund und führen so zu mehr Ruhe und Gelassenheit.

Um Welpen vor einem Treppensturz zu bewahren, eignet sich ein Absperrgitter. Eine Erziehung des Welpen, die Treppe zu meiden, ist unnötig, denn das Risiko minimiert sich automatisch mit dem Erwachsenwerden des kleinen Rackers. Hier wäre die Management-

Bei *Nein* heißt es abzuwarten, bis das Leckerchen freigegeben wird.

maßnahme die alleinige Lösung des Problems. Dasselbe gilt für die Sicherung Ihrer Steckdosen, wenn das erforderlich sein sollte.

Auch der Verzicht auf Freilauf für Ihren Jagdhund in Gegenden mit viel Wild ist Management: Sie können ihn solange anleinen, bis er im Rückruf verlässlich zu Ihnen kommt. Außerdem könnten Sie wildreiche Gegenden meiden und Ihrem Hund nur in umzäunten Gehegen Freilauf gestatten.

Spezielles Leinenequipment, mit dem Sie Ihren Hund leichter führen können (Halti, Nutzung des Frontringes im Brustbereich des Geschirrs) ist eine weitere Managementmaßnahme als Teil der Erziehung, um das An-der-Leine-Laufen besser handeln zu können.

Dressur bei Zootieren

Elefanten und andere Tiere werden im Zoo darauf dressiert, bestimmte körperliche Untersuchungen über sich ergehen zu lassen. Sie lernen per Kommando z.B. ihren Fuß zu heben und irgendwo abzustellen. Sie können dann von der Pflegeperson oder einem Tierarzt untersucht, gepflegt und bei Bedarf behandelt werden.

… ebenso wie die Kommandos

Bei der Dressur des Hundes erlernt er Kommandos zu befolgen, indem er bestimmte Leistungen oder Kunststücke erbringt. Werden beispielsweise *Sitz*, *Platz* oder *Bleib* erlernt, so wird der Hund darauf dressiert, sich zu setzen, zu legen oder dort zu verharren, wo er sich gerade befindet. Dressur kann Teil der Erziehung sein und diese unterstützen.

Jedes Kommando muss durch viele Wiederholungen in verschiedenen Situationen geübt werden, bevor es richtig sitzt, und jederzeit, auch unter Ablenkung, abrufbereit sein.

Wenn Ihr Training im Wohnzimmer geklappt hat, dann ist noch lange nicht gesagt, dass es in jedem anderen Zimmer auch funktioniert. Wenn Sie das Training abends erfolgreich absolviert haben, so ist noch lange nicht gesagt, dass es am nächsten Morgen immer noch so gut klappt. Das Training mit Ablenkung innerhalb des Hauses ist die nächste Hürde, dann folgt das Üben außerhalb Ihres Hauses (Garten, Park, Spaziergang).

Bei einem Verbotskommando (Seite 97 ff.) kommt der Verführungsgrad der zu unterlassenden Aktivität erschwerend hinzu. Eine Leckerei wegen eines Verbots zu verschmähen, ist wirklich höhere Schule.

Sitz.

Dressur hat einen negativen Beigeschmack …

Dressur hat oft einen etwas negativen Beigeschmack. Eva Herrmann, ehemalige Hundetrainerin, kommentiert auf ihrer Webseite: „Die Grundkommandos wie *Sitz*, *Platz*, *Bleib* etc. sind Dressur! Nicht in die Wohnung zu pinkeln, nichts anzufressen, nicht zu beißen, nicht an der Leine zu ziehen, nicht zu weit wegzulaufen, etc. sind Erziehung! Das ist wie bei Kindern, nicht alle, die lesen, schreiben und rechnen können, sind auch automatisch gut erzogen! Prinzipiell gilt: Für Dressur benötigt ihr hauptsächlich Geduld und Leckerchen – für Erziehung Persönlichkeit und Konsequenz!“ Da steckt viel Wahres drin, allerdings fehlt der positive Aspekt, den Dressur haben kann.

… doch auch viele positive Aspekte

Sobald dressierte Kommandos konsequent für Alltagsabläufe genutzt werden, unterstützen sie die Erziehung (z. B. braves *Sitz*, während die Leine angelegt wird). Die Ausführung solcher Kommandos muss aber nicht jedes Mal mit einem Leckerchen belohnt werden. Das Hinsetzen beim Anleinen wird zum Ritual. Ein liebevolles „So ist es brav“ reicht völlig aus. Da Sie bei dieser Anleinaktion sowieso Körperkontakt zu Ihrem Hund haben, können Sie ihn auch kurz streicheln, wenn er das mag.

Dressur bietet auch eine Möglichkeit der Beschäftigung und damit auch der anspruchsvollen Auslastung, die je nach Dressuransatz Ihren Hund sowohl körperlich als auch geistig fordern kann.

Futtersuche, um Geduld zu üben

Wenn meine Hunde im Garten auf Futtersuche gehen sollen, so müssen sie zuvor im Platz und Bleib warten, bis alle Leckerchen an Ort und Stelle versteckt sind. Dabei lasse ich mir auch gern mal mehr Zeit, als nötig wäre … Dann beginnt die Suche, die zugleich Belohnung für braves Warten ist. Der erzieherische Effekt dieser Übung ist vor allem zu warten, also Geduld und Impulskontrolle zu üben.

Maulkorbtraining – muss das sein?

Gehen Sie für Ihren Hund und seine Sozialpartner immer auf Nummer sicher. Erfahren Sie hier, wie Sie Ihren Hund stressfrei an einen Maulkorb gewöhnen können und welche Vorteile er bietet.

Das Tragen eines Maulkorbes ist eine Managementmaßnahme für mehr Sicherheit in stressigen Situationen. Sie schützt nicht nur Menschen und andere Artgenossen vor eventuellen Überreaktionen des Hundes, sondern auch den Hund selbst vor negativen Konsequenzen, wenn es tatsächlich zu einem Beißvorfall käme. Unter bestimmten Umständen ist das Tragen eines Maulkorbes nicht nur hilfreich, sondern auch gesetzlich gefordert.

Bei Tierarztbesuchen empfiehlt sich je nach Hund und Behandlung ebenfalls ein Maulkorb. Wenn Hunde – insbesondere ängstliche Hunde – schmerzhafte Untersuchungen oder Behandlungen erdulden müssen, könnten sie sich durch Schnappen nach der Hand, die ihrer Meinung nach die Schmerzen verursacht, wehren wollen. Hunde aus dem Tierschutz haben schon einiges ertragen müssen und könnten sehr sensibel auf alle körperlichen Manipulationen reagieren. Da ist es im Interesse aller Beteiligten, wenn Vorkehrungen für ausreichend Sicherheit getroffen werden.

Ein weiterer Vorteil eines Maulkorbes besteht darin, das Fressen von Unrat, den der Hund unterwegs als schmackhaft ansehen könnte, zu verhindern. Viele Maulkörbe haben im unteren Schnauzenbereich einen extra Giftköderschutz. Das ist eine Lasche, die leicht abnehmbar ist, falls der Hund sie nicht (mehr) braucht.

Vorschriften

In Deutschland legen die Länder und Gemeinden fest, welche Hunde bei welcher Gelegenheit in der Öffentlichkeit einen Maulkorb tragen müssen.

Das passende Modell finden

Das richtige Modell muss es sein, dann sind Maulkörbe gar nicht so schlecht wie ihr Ruf. Sie müssen gut auf der Hundeschnauze sitzen und dürfen diese nicht einengen. Sie müssen normales Atmen und Trinken ermöglichen. Das bedeutet, dass Maulschlaufen ungeeignet sind. Sie verursachen Stress, vielleicht sogar Panik, weil sie die Atmung Ihres Hundes erschweren.

Bevor Sie mit dem Maulkorbtraining beginnen können, müssen Sie erst einmal einen kaufen. Nun beginnt schon das Dilemma, denn einerseits soll man den Hund langsam und vorsichtig an den Maulkorb gewöhnen, doch andererseits muss ein neu zu erwerbender Maulkorb anprobiert werden, damit er gut sitzt und bequem genug ist. Der Kauf eines Maulkorbes kann besonders für Mischlingshunde zu einer Herausforderung werden, denn Maulkörbe gibt es zwar in vielen verschiedenen Varianten und Größen, doch sie wurden in der Regel an die Kopfform von Rassehunden angepasst.

Eine solche Maulschlaufe macht ein Hecheln fast unmöglich, deshalb sollte sie besser nicht benutzt werden.

Das Maulkorb-Shooting

Machen Sie Ihrem Hund die Anprobe schmackhaft, indem Sie ein Leckerchen in den Korb stecken. Nehmen Sie etwas besonders Schmackhaftes, was den Maulkorb aber wiederum nicht verschmutzt für den Fall, Sie müssen dieses Exemplar zurückschicken. Achten Sie darauf, dass die Nase des Hundes vorn noch etwas Platz hat, aber seitlich nicht zu viel Spielraum übrig bleibt. Ihr Hund soll mit Maulkorb gut hecheln können. Nehmen Sie ihn wieder ab, um ihn mit dem nächsten Leckerchen zu bestücken. Das können Sie ruhig mehrfach durchführen, denn es ist bereits Teil der Gewöhnung an einen Maulkorb. In der zweiten Phase der Anprobe konzentrieren Sie sich auf den Gurt, der hinter den Kopf geführt wird. Testen Sie, ob der Gurt um den Kopf herum passt, verschließen Sie ihn nicht, denn das Öffnen würde eventuell zu viel Zeit in Anspruch nehmen. Es wäre ungünstig, wenn Ihr Hund sich erfolgreich wehrt und den Maulkorb allein abbekommt. Das würde er als Erfolg verbuchen und deshalb immer wieder probieren. Nehmen Sie den Gurt deshalb nach nur kurzem Anhalten gleich wieder ab, gefolgt von viel Lob. Der Gurt ist verstellbar, sodass Sie mit kurzem Anhalten einen hinrei-

Tipp

Die Maulkorb-Anschaffung funktioniert am besten, wenn Sie online ein Sortiment bestellen und die Auswahl ganz in Ruhe zu Hause treffen. Die ungeeigneten Exemplare können Sie dann in der Regel unkompliziert wieder zurückschicken.

Dieser Hund hat sich schon an seinen Maulkorb gewöhnt. Er kann normal atmen und hecheln und bei Bedarf auch saufen.

chend guten Eindruck bekommen, ob das Teil Ihren Ansprüchen genügt. Gehen Sie insgesamt langsam, aber doch zügig vor. Vermeiden Sie hektische Bewegungen.

Das Maulkorb-Training

Wichtig für Ihren Hund ist, ihn behutsam an das Tragen eines Maulkorbes zu gewöhnen. Damit können Sie frühzeitig beginnen. Bei guter Gewöhnung wird ihn der Maulkorb kaum stören, er ist dann ein ähnliches Utensil wie sein Geschirr oder sein Halsband. Das Training mit dem neu erworbenen Maulkorb kann wie folgt ablaufen:

1. Etappe: Ihr Hund lernt, Leckerchen ohne Scheu aus dem Maulkorb herauszunehmen. Üben Sie das in einer ablenkungsarmen Umgebung, am besten Zuhause und benutzen Sie schmackhafte Leckerchen oder Hundeleberwurst aus einer Tube. Jeweils ein Leckerchen kommt in den Korb des Maulkorbes und Ihr Hund darf es herausnehmen. Gleich nochmal! Und nochmal! Machen Sie das, bis Ihr Hund ohne Scheu das jeweilige Leckerchen aus dem Maulkorb herausnimmt.

Eine Leberwursttube können Sie von außen durch den Korb des Maulkorbes stecken und der Hund kann daran lecken, sobald er mit seiner Schnauze ganz vorn im Maulkorb ist. Durch das langsame Ausdrücken der Tube wird er motiviert, seinen Kopf länger im Maulkorb zu belassen, als das beim Leckerchen der Fall sein kann. Für die Leberwurstaktion sollte die Tube vorher nicht im Kühlschrank gelegen haben, denn dann drückt sie sich so schwer aus, dass Sie mehr Kraft aufwenden müssen. Dabei ruckelt man zu sehr am Maulkorb und der Hund ist irritiert.

Der Gurt des Maulkorbes wird in dieser Etappe nicht geschlossen. Wiederholen Sie diese Übung mehrfach an den folgenden Tagen, bis sie richtig gut klappt.

2. Etappe: Sie schließen den Maulkorbgurt hinter dem Kopf des Hundes. Beginnen Sie am besten wieder die Eingangsübung mit dem Leckerchen im Korb des Maulkorbes oder mit der Leberwursttube. Halten Sie dann die beiden Gurtenden hinter dem Kopf des Hundes locker zusammen, ohne den Gurt zu schließen. Wiederholen Sie das ein paar Mal. Straffen Sie dabei den Gurt hinter dem Kopf etwas mehr. Wenn bis hierhin alles gut klappt, dann schließen Sie nun den Gurt hinter dem Kopf Ihres Lieblings und belohnen Ihren Hund mit Leckerchen oder Leberwurst. Nehmen Sie langsam den Maulkorb wieder ab.

Üben Sie mehrfach das Schließen des Gurtes und das Wieder-Abnehmen.

3. Etappe: Die Tragezeit des Maulkorbs wird schrittweise ausgedehnt. Setzen Sie Ihrem Hund wieder den Maulkorb auf. Das sollte ihm nun keine Probleme mehr bereiten. Belohnen Sie ihn und nehmen Sie den Maulkorb wieder ab. Wiederholen Sie das Ganze mehrfach, wobei Sie die Gabe des Leckerchens schrittweise verzögern.

Gehen Sie insgesamt langsam vor! Machen Sie über mehrere Tage hinweg viele Wiederholungen. Ein exaktes Tempo kann nicht vorgegeben werden. Das bestimmt letztlich Ihr Hund.

Nutzen Sie jetzt verschiedene Situationen und Tageszeiten, um dem Hund immer mal wieder den Maulkorb aufzusetzen. Mal bekommt er einen Teil seiner Futterration durchgesteckt und mal wird einfach nur gestreichelt oder massiert, je nachdem was Ihr Hund gern mag. Wichtig ist, er verbindet den Maulkorb immer mit etwas Angenehmem.

4. Etappe: Tragen des Maulkorbes in verschiedenen Umgebungen. Verlegen Sie nun das Training, das bisher in ablenkungsarmer Umgebung stattgefunden hat, nach draußen. Sie starten in einer ruhigen Gegend, setzen Ihrem Hund den Maulkorb auf und laufen ein paar Schritte mit ihm. Setzen Sie ihm in verschiedenen Gegenden mit unterschiedlich viel Ablenkung immer wieder mal den Maulkorb für eine Weile auf und dehnen die Zeiten des Tragens wieder schrittweise aus. Sie werden sehen, so klappt es!

Gewöhnung an eine Hundebox

Eine Hundebox kann für viele Situationen hilfreich sein. Sie kann dem Hund Sicherheit und Schutz vermitteln und auch als sicheres Transportmittel für das Mitfahren im Auto genutzt werden.

Ihr Hund soll nur Gutes mit der Box verknüpfen. Gehen Sie in kleinen Trainingsschritten vor:

1. Etappe: Kennenlernen der Box. Finden Sie einen geeigneten Platz zum Aufstellen der Box und geben Sie Ihrem Hund Zeit, das „neue Ding" in seiner Umgebung zu beschnuppern. Öffnen Sie die Tür der Box und achten Sie darauf, dass die Tür nicht von allein zufallen kann. Werfen Sie ein Leckerchen in den vorderen Bereich der Box, sodass Ihr Hund das Leckerchen herausnehmen kann, ohne mit dem gesamten Körper hineingehen zu müssen. Wiederholen Sie das mehrfach.

2. Etappe: Ihr Hund geht ohne Scheu in seine Box. Werfen Sie nun die Leckerchen weiter nach hinten in die Box, sodass Ihr Hund mit seinem ganzen Körper in die Box muss, um das Leckerchen herauszuholen. Wiederholen Sie die Übung an mehreren Tagen, bis es für Ihren Hund kein Problem ist, in die Box zu gehen. Motivieren Sie Ihren Hund, in die Box zu gehen, ohne dass Sie ein Leckerchen hineinwerfen. Klappt das auch schon?

Lassen Sie die Tür der Box in dieser Trainingsphase stets geöffnet, sodass Ihr Hund rein- und rausgehen kann. Vielleicht macht er das auch schon außerhalb Ihres Trainings zwischendurch.

3. Etappe: Ihr Hund akzeptiert das kurzzeitige Schließen der Box. Motivieren Sie Ihren Hund, in die Box zu gehen. Wenn durch das vorangegangene Training keine Scheu vor der Box mehr besteht, so sollte das kein Problem sein. Andernfalls sollten Sie mit dem Training in der zweiten Etappe der Eingewöhnung verbleiben. Lehnen Sie die Tür nur ganz kurz an, wenn Ihr Hund in der Box ist, und öffnen Sie sie gleich wieder.

Wiederholen Sie auch diese Übung, bis Ihr Hund es gar nicht mehr so eilig hat, aus der Box herauszuwollen.

4. Etappe: Ihr Hund bleibt gern für eine Weile in seiner Hundebox. Jetzt können Sie die Verweilzeit in der Box in kleinen Schritten verlängern. Lassen Sie Ihren Hund stets aus der Box, bevor er unruhig wird und protestiert. Es ist sehr hilfreich,

Tipp

Hundeboxen vermitteln vielen Hunden Sicherheit. Wenn Sie mit Ihrem Hund auch diese Erfahrung machen, so mag die Box auch in angstauslösenden Situationen ein geeigneter Rückzugsort sein.

wenn Ihr Hund sich immer in lobenswerten Situationen befindet und nicht in korrekturbedürftigen.

Wenn Sie in zu großen Schritten vorgehen und den Hund erst herauslassen, wenn er zu winseln oder bellen beginnt, dann verknüpft er die Box mit etwas Unangenehmem und lernt dazu, dass Winseln und Bellen zur gewünschten Reaktion seines Menschen führt, nämlich zum Herauslassen.

Mit guter Eingewöhnung können Hundeboxen sogar Sicherheit und Schutz vermitteln. Manche Hunde lieben ihre Box so sehr, dass sie darin auch schlafen.

Hier genießt jemand sein gemütliches Haus im Haus.

Den Hund auf einem Liegeplatz parken

Erfahren Sie, welche Vorteile es bringt, wenn Sie Ihren Hund für eine Weile auf seinem Liegeplatz ablegen können und wie Sie Ihren Hund an diese Situationen gewöhnen.

Im Umgang und in der Erziehung Ihres Hundes gibt es oft mehrere Alternativen für ähnliche Situationen. Sie müssen nur die für Ihren Hund und Ihre Situation passende Strategie auswählen und konsequent mit Ihrem Hund einüben. So verhält es sich auch für Gegebenheiten, bei denen Sie Ihren Hund einfach mal „parken" wollen, um entweder selbst für eine gewisse Zeit Handlungsspielraum ohne Hund zu haben, Ihrem Hund Entspannung zu verordnen oder auch als Managementmaßnahme, um kritische Situationen zu entschärfen. Eine kurzzeitige Fixierung, das Verweilen in der Hundebox, und der kommandierte Verbleib auf dem Liegeplatz des Hundes sind einige mögliche Optionen.

Anbinden als Übergangslösung

Wenn Ihr Hund daran gewöhnt ist, kurzzeitig (maximal 30 Minuten) mit seiner Leine an seinem Liegeplatz festgemacht zu sein, so ist das für ihn kein Problem, wenn auch nicht die eleganteste Lösung. Die Notwendigkeit einer solchen Maßnahme kann sich ergeben, wenn Ihr Hund beispielsweise Besucher aggressiv attackieren will. Natürlich muss dieses Fehlverhalten an sich korrigiert werden (Seite 153 ff.), doch bis dahin können Sie mit dem Anleinen für Sicherheit sorgen.

» Starten Sie das Training am besten nach einem Spaziergang. Dann ist Ihr Hund ausgelastet und würde sich sowieso ausruhen wollen. Außerdem wird ihn während des Trainings kein biologisches Bedürfnis quälen.
» Führen Sie ihn zu seinem Liegeplatz und binden ihn dort an (eine entsprechende Vorrichtung muss installiert sein). Die Leine darf nicht zu kurz sein, er muss sich noch gut bewegen und drehen können. Benutzen Sie dafür nicht die Hausleine. Das Gassi-Geh-Equipment könnte geeignet sein.
» Gehen Sie nach dem Ablegen Ihres Hundes eigenen Beschäftigungen nach. Ihr Hund soll sich von Ihnen nicht beobachtet fühlen. Sie behalten ihn jedoch trotzdem im Augenwinkel. Loben Sie ihn mit ruhigen Worten für ruhiges Verhalten, sobald er entspannt auf seinem Platz ruht.
» Lösen Sie die Leine, bevor Ihr Hund protestiert. Geben Sie ihm dazu mit einem Auflösungswort Ihrer Wahl zu verstehen, dass die Übung beendet ist. Er kann selbstverständlich noch liegen bleiben oder sich erheben und seinen Platz verlassen.
» Vergessen Sie nicht, die Übung jeweils aktiv zu beenden. Das soll immer im Moment der Ruhe geschehen und nicht, wenn Ihr Hund lautstark auf sich aufmerksam macht. Beim Beenden der Übung darf Ihr Hund ein schmackhaftes Leckerchen bekommen. Wiederholen Sie die Übung und steigern Sie behutsam die Liegezeit in den nächsten Tagen.

Einen Hund auf seiner Decke für eine gewisse Zeit „parken“ zu können, bringt Vorteile für viele Gelegenheiten.

Tipp

Wenn Ihr Hund angebunden ist, muss er sich sicher fühlen können. In dieser Situation kann er nicht ausweichen, um sich einem eventuell unangenehmen Kontakt zu entziehen. Niemand soll ihm deshalb zu nahe kommen.

Probieren Sie vielleicht bald das Training, das auf dieser Seite beschrieben ist, ohne dass Ihr Hund angebunden werden muss. Wichtig ist, dass Ihr Hund mit seinem Liegeplatz nur Gutes verbindet.

Die Übung immer mal wieder für eine relativ kurze Zeit zu machen, bringt mehr, als sie in erregten Bedarfssituationen einzuführen. Wenn Sie beispielsweise Ihren Hund immer erst anbinden, wenn ein Handwerker in der Tür steht, den er nicht anbellen soll, so versteht er das Anbinden als Strafe. Wenn Sie jedoch die Fixierung behutsam ohne Ablenkung einführen und dann zum Ritual werden lassen, wenn es z. B. an der Tür klingelt, so wird er folgsam seinen Platz aufsuchen, wenn die Klingel ertönt. Denn schließlich kann er hinterher etwas Schmackhaftes erwarten.

Auf einen Ruheplatz schicken – die Deckenübung

Alternativ zur Gewöhnung an eine Hundebox oder an ein kurzzeitiges Anleinen Ihres Hundes an seinen Ruheplatz bietet das Wegschicken können und Verweilen auf einer Decke (seinem Ruheplatz) eine elegantere Lösung. Stellen Sie sich vor, Sie können Ihren Hund bei Bedarf auf seinen Ruheplatz schicken. Dort legt er sich entspannt hin und bleibt, bis Sie ihm signalisieren, er könne wieder aufstehen. Egal ob Sie in der Wohnung Ihrer Arbeit nachgehen, ob ein Handwerker oder Besuch kommt, den er nicht bestürmen soll, oder ob Ihr Hund einfach mal zur Ruhe kommen soll.

Gestaltungsmöglichkeiten für die Deckenübung

Sie können das Training in Abhängigkeit Ihrer Ansprüche unterschiedlich gestalten. Wichtig ist, dass Sie sich vorher darüber im Klaren sind, was Sie genau erreichen wollen.

Nehmen wir an, Sie wollen Ihren Hund auf eine Decke schicken, auf der er bleibt, bis Sie ihm wieder gestatten, dass er sie verlassen kann. Dies bedeutet, Ihr Hund muss zwei Signale verstehen, das erste, um auf seine Decke zu gehen und dort zu bleiben, und das zweite, das ihm gestattet, wieder aufzustehen. So lernt Ihr Hund, auf der Decke zu bleiben:

» Beginnen Sie das Training, nachdem Ihr Hund gut ausgelastet ist und auch ausreichend Gelegenheit zum Lösen hatte.

- Nutzen Sie wieder eine leichte Hausleine für eventuelle Korrekturen.
- Bringen Sie Ihren Hund auf seine Decke.
- Sie können ihn körpersprachlich auf die Decke schicken, indem Sie nahe der Decke stehend mit Ihrem Arm auf die Decke zeigen, oder Sie führen ihn mit Hilfe der Leine dorthin.
- Sagen Sie, sobald Ihr Hund auf der Decke angekommen ist, einen geeigneten Begriff, den er mit seiner Position auf der Decke verknüpfen lernt, z. B. *Decke*.
- Gehen Sie selbst ein paar Schritte zurück, am besten Sie setzen sich hin.
- Nun ist Geduld erforderlich. Ihr Hund soll sich von allein hinlegen.
- Wenn Ihr Hund die Decke verlassen will oder verlässt, so stoppen Sie ihn oder führen ihn wortlos zurück.
- Direkt auf der Decke angekommen, folgt jedes Mal wieder das Wort *Decke*.
- Bleiben Sie ruhig dabei, auch wenn sehr viele Wiederholungen nötig sind!
- Wiederholen Sie das sooft, bis Ihr Hund sich von allein ablegt und eine Weile liegen bleibt.
- Loben Sie ihn dann mit ruhigen Worten, ohne zu ihm zu gehen und ohne ihm ein Leckerchen zu geben.
- Sobald Ihr Hund eine Weile auf der Decke gelegen hat, soll er nun wieder die Erlaubnis zum Aufstehen und Weggehen bekommen. Ein mögliches Auflösewort ist *Okay*. Sagen Sie ihm das Wort und von nun an kann er wieder aufstehen oder liegenbleiben, wie er möchte.

Wie bei jedem Training sind etliche Wiederholungen an mehreren Tagen nötig, bis Ihr Hund richtig verstanden hat, was Sie von ihm wollen.

Decke als Kommandowort

Bisher haben sie das Wort *Decke* zu Ihrem Hund gesagt, wenn er dort angekommen ist, um ihm die Verknüpfung zwischen der Position auf der Decke und dem entsprechenden Wort beizubringen. Wenn er mit dem bisher durchgeführten Training beides erfolgreich verknüpft hat, dann wird er jetzt bei Gebrauch des Wortes *Decke* als Kommando seine Decke aufsuchen. Wenn Ihr Hund beim Kommando *Decke* nicht weiß, was Sie von ihm wollen, dann hat die Verknüpfung noch nicht geklappt. Sie sind zu schnell vorgegangen. Wiederholen Sie in diesem Fall die Übungen.

In weiteren Trainingsvarianten können Sie Ihren Abstand zur Decke schrittweise vergrößern. Sie können dann schrittweise die Zeitdauer bis zur Auflösung des Kommandos verlängern.

Vergessen Sie beim Abschluss der Übung nie die Auflösung des Kommandos, um Ihrem Hund anzuzeigen, dass er wieder aufstehen darf. Die Decke kann bei vielen Gelegenheiten für Bequemlichkeit sorgen. Zugleich ist sie ein Signal fürs Hinlegen, Abwarten, Entspannen.

Tipp

Hunde haben in Verbindung mit einem Leckerchen stets eine hohe Erwartungshaltung und sind vermutlich in einer Situation, in der sie eigentlich entspannen sollen, nur darauf fixiert, endlich ihr Leckerchen zu bekommen, also ungeduldig. Das würde nicht wirklich zur Ruhe führen. Besser ist es deshalb, die Deckenübung ohne Leckerchen durchzuführen.

Ein Unterlassungs-kommando trainieren

Einem Hund eine gewünschte Aktivität beizubringen, ist leichter als die Befolgung eines Verbotes. Doch das beschriebene Beispiel führt schnell zum Erfolg und wird Sie motivieren.

Das Prinzip beim Erlernen eines Verbotskommandos ist, die Verknüpfung zwischen einer Aktivität, die nicht ausgeführt werden soll, und einer Negativerfahrung, also Strafe, herzustellen. Die Strafe in dem nachfolgend beschriebenen Beispiel ist das Verbot, das in Aussicht gestellte Leckerchen zu fressen. Sie brauchen ein Verbotswort ihrer Wahl, das Sie konsistent und konsequent immer für dieselbe Sache einsetzen, z. B. *Nein*. Sprechen Sie es möglichst immer gleich klingend aus und immer souverän streng und betont, aber nie laut.

Zu Beginn: das Basistraining

Sie können mit dieser ganz einfachen Übung beginnen, die Ihrem Hund und Ihnen viel Spaß machen wird:

» Beginnen Sie wieder in einer ablenkungsarmen Umgebung mit Ihrem Hund und halten Sie viele gute Leckerchen bereit.

Selbst das Training eines Verbotskommandos kann Spaß machen. In kurzer Zeit versteht Ihr Liebling, dass bei *Nein* das Leckerchen auf Ihrer Hand liegen bleiben muss.

„Oh wie gerne würde ich den Kuchen stibitzen, doch ich darf nicht.“

Tipp

Wenn Sie zwischen Bitte und Nein bzw. Nein und Bitte wechseln, dann nehmen Sie jedes Mal dazwischen die Hand zu sich zurück. Präsentieren Sie dann Ihrem Hund die Hand mit dem Leckerchen erneut. Das ist am Anfang für Ihren Hund leichter verständlich, als wenn die Position der Hand zwischen den beiden verschiedenen Kommandos unverändert bleibt.

- Setzen Sie sich am besten bequem vor Ihren Hund hin.
- Reichen Sie ihm auf Ihrer geöffneten Hand ein Leckerchen nach dem anderen. Sagen Sie zeitgleich ein passendes Wort, wie z. B. *Bitte*.
- Nach etwa dem fünften Leckerchen reichen Sie ihm das sechste mit einem Verbotswort, wie z B. *Nein*. Dabei schließt sich Ihre Hand, noch bevor Ihr Hund das Leckerchen nehmen kann. Er wird Sie gewiss verwundert ansehen.
- Nehmen Sie die geschlossene Hand mit dem Leckerchen wieder zurück.
- Bieten Sie ihm jetzt noch einmal Ihre Hand mit dem Leckerchen und dem Verbotswort an und schließen Sie wieder rechtzeitig Ihre Hand, so dass Ihr Hund das Leckerchen wieder nicht bekommen kann.
- Wechseln Sie nun wieder zu *Bitte* und anschließend wieder zu *Nein* und verschließen die Hand schnell.
- Wiederholen Sie die Übung so lange, bis sie bei *Nein* die geöffnete Hand mit einem Leckerchen vor der Schnauze Ihres Hundes halten können, ohne dass er das Leckerchen nimmt. In aller Regel verstehen Hunde diese Übung sehr schnell.

- Wenn Ihr Hund das Leckerchen auf Ihrer geöffneten Hand bei *Nein* ignoriert, dann loben Sie ihn. Geben Sie ihm ein Leckerchen aus der anderen Hand.
- Verschließen Sie die Hand mit dem verbotenen Leckerchen und ziehen Sie sie zurück.

Mit diesem Training haben Sie nun eine spezifische Verbotssituation geübt. Um das Ganze alltagstauglich zu bekommen, sind viele Trainingseinheiten in vielen verschiedenen Verbotssituationen nötig, denn Hunde sind Spezialisten, doch im Verallgemeinern schwächeln sie. Was Ihr Hund hier in einer bestimmten Situation ganz schnell begriffen hat, kann er noch lange nicht auf andere Situationen übertragen.
Je häufiger Sie das *Nein*-Kommando in den verschiedensten Situationen trainieren, umso verlässlicher wird Ihr Hund es befolgen können. Wichtig dabei ist, dem Hund nicht nur zu sagen, was er nicht darf, sondern ihm auch immer wieder alternative Aktivitäten anzubieten, für die er sich Lob verdienen kann.

Später: das Aufbautraining

1. Variante: Verbot der Futteraufnahme

- Legen Sie Futter an verschiedene Stellen auf den Boden, zunächst innerhalb Ihrer Wohnung und später auch außerhalb Ihres Grundstücks.
- Führen Sie Ihren Hund angeleint in die Nähe der Verführung.
- In dem Moment, in dem er die Leckerei wahrnimmt, sagen Sie *Nein*.
- Korrigieren können Sie, wenn nötig, mit der Leine, besser körpersprachlich, in dem Sie im entscheidenden Moment Ihre Hand (Bein) zwischen Hundeschnauze und Leckerchen positionieren.

> **Tipp**
>
> Benutzen Sie das Verbotswort sehr bewusst und konsequent. Wenn Ihr Hund die Erfahrung machen sollte, dass Sie das Befolgen oder Nichtbefolgen gar nicht so wichtig nehmen, dann wird sich das Verbotswort abnutzen. Es wird damit unbrauchbar.

2. Variante: Tabuzonen einführen

Andere unerwünschte Aktivitäten, wie z. B. das Betreten einer Tabuzone, zu unterbinden, ist eine weitere Steigerung im Training eines Verbotskommandos:

- Sagen Sie *Nein* genau in dem Moment, in dem Ihr Hund einen Raum betreten will, der für ihn tabu sein soll.
- Achten Sie gleichzeitig darauf, dass er den Raum auch wirklich nicht betreten kann, indem Sie sich vor ihn stellen und ihn wegschicken (Ihr Arm zeigt in die andere Richtung).
- Sollte Ihr Hund sich bereits in der Tabuzone befinden, so sagen Sie *Nein* und führen ihn souverän und wortlos heraus.
- Außerhalb angekommen achten Sie für eine Zeit darauf, dass er die Tabuzone nicht wieder betreten kann.
- Sollte er wieder in die Tabuzone laufen, so wiederholen Sie das Herausführen.
- Wenn Sie nicht trainieren können, dann benutzen Sie nach Möglichkeit eine Managementmaßnahme, um den Hund von der Versuchung fernzuhalten. Schließen Sie die Tür oder Versperren Sie den Zugang.

Aufmerksamkeit trainieren

Die Aufmerksamkeit Ihres Hundes Ihnen gegenüber ist der Schlüssel für eine erfolgreiche Hundeerziehung. Sie können Sie mit den hier beschriebenen Tipps gut trainieren.

Hunde sind (fast) immer aufmerksam, man kann auch sagen wachsam. Sie beobachten stets und ständig, was um sie herum geschieht. Das kann unterschiedliche Gründe haben. Es dient auf jedem Fall der Sicherheit, um eventuelle Gefahrenquellen in der Umwelt zu erkennen und gegebenenfalls darauf zu reagieren. Sexualpartner können ausgemacht werden, Sozialpartner bewacht und Futterquellen identifiziert werden. Aufmerksamkeit läuft in der Regel über die Beobachtung, also die visuelle und olfaktorische Wahrnehmung. Auch das Kontaktliegen, also der körperliche Kontakt zu Rudelmitgliedern und auch zum Menschen, erfüllt nicht nur den Tatbestand des Kuschelns und gegenseitigen Wärmens, sondern auch der Aufmerksamkeit. Sobald sich einer der Partner regt, bekommen die anderen Kuschelpartner das mit und reagieren entsprechend – oder auch nicht.

Hunde sind von Natur aus ihrem Halter gegenüber unterschiedlich stark achtsam. Das ist sowohl rassebedingt als auch durch das Vorleben geprägt. Unabhängig von der Ausgangssituation können Sie jedoch die Aufmerksamkeit Ihres Hundes Ihnen gegenüber verstärken, was Ihnen in vielen Situationen helfen wird.

So funktioniert das Training

1. Etappe: Sie starten in einer ablenkungsarmen Umgebung, gern in ihrer Wohnung. Setzen Sie sich bequem hin, entweder auf dem Boden zu Ihrem Hund oder auf einen

So macht der Spaziergang für alle sechs Beine Spaß.

Stuhl. Sie tun einfach nichts und sprechen Ihren Hund auch nicht an. Beobachten Sie Ihren Hund, bis er Sie von sich aus ansieht. Das ist die schönste Trainingssituation. In genau diesem Moment, indem Ihr Hund Sie anblickt, benutzen Sie ein Signal und belohnen ihn durch ein Leckerchen. Das Signal kann ein Wort, wie *Schau* sein, oder Sie nutzen ein Geräusch, wie das Schnalzen mit der Zunge. Wichtig ist, dass Sie das Geräusch Ihrer Wahl immer wieder identisch oder zumindest sehr ähnlich reproduzieren können. Wenn er Sie nicht ansieht, so helfen Sie etwas nach, indem Sie das oben beschriebene Signal anwenden, um damit auf sich aufmerksam zu machen. Das klappt in den meisten Fällen. Belohnen Sie ihn, wenn er Sie anschaut.

Versuchen Sie nun aber zu der Situation zu kommen, in der Ihr Hund Sie erst ansieht, dann kommen das Signal und das Leckerchen. Damit wird die Aufmerksamkeit nicht kommandiert, sondern Sie verstärken nur die von sich aus angebotene Aufmerksamkeit des Hundes. Sie haben gute Chancen, dass nach dem einmaligen Auf-sich-aufmerksam-Machen, Ihr Hund von sich aus zu Ihnen schaut, um ein weiteres Leckerchen abzustauben. Wenn das Geräusch und die Belohnung mehrfach zeitgenau mit der Aufmerksamkeit ihres Hundes auf Sie einhergehen, lernt Ihr Vierbeiner, dass diese Dinge zusammengehören.

2. Etappe: Sie führen die Übung auf einem Spaziergang durch. „Outdoor“ ist der Ablenkungsgrad automatisch höher, doch auch hier können Sie die Aufmerksamkeit Ihres Hundes Ihnen gegenüber verbessern.

Beginnen Sie wieder in einer relativ reizarmen Umgebung. Warten Sie, bis Ihr Hund Sie beim Laufen von sich aus anblickt. Wenn das nicht so ohne Weiteres klappt, so können Sie das Anblicken provozieren, indem Sie auf Ihrem Spaziergang einfach mal stehen bleiben. Tun Sie gar nichts! Irgendwann wird er sich wundern, warum es nicht weitergeht und Sie anschauen.

Verfahren Sie nun so, wie bei der 1. Etappe beschrieben: Ihr Hund schaut Sie an, Sie sagen entweder das Signalwort oder machen das Geräusch Ihrer Wahl und sofort gibt es ein schmackhaftes Leckerchen. Gehen Sie im Training stets mit kleinen Schritten voran und steigern den Grad der Ablenkung sehr langsam. Viele Wiederholungsübungen mit langsam ansteigendem Ablenkungsgrad sind für den verlässlichen Erfolg nötig.

Es geht auch anders herum

Aufgrund der nunmehr erlernten Verknüpfung zwischen Anschauen, Signalwort oder Geräusch und Lohn können sie nun auch die Reihenfolge der verknüpften Elemente ändern und beispielsweise Ihrem Hund zuerst das Signalwort sagen, woraufhin er Sie bei guter Konditionierung anschaut. Daraufhin bekommt er als Lohn sein Leckerchen. Bei diesem Trainingsansatz verwenden Sie Ihr Signalwort oder Geräusch wie ein Kommando. Das spezifische Geräusch in der Doppelnutzung, also als Lob nach geschenkter Aufmerksamkeit und als Kommando, um Aufmerksamkeit zu erreichen, ist dann ausschließlich für die Aufmerksamkeit reserviert. Es kann dann nicht mehr als allgemeines Lob für die korrekte Ausführung anderer Aktivitäten eingesetzt werden.

Beim Buddeln kommt Freude auf, nur nicht unbedingt beim Gärtner.

weisen sind allerdings ganz normal und durch Züchtung zielgerichtet selektiert worden. Hunde wurden seit Jahrtausenden beispielsweise zum Bewachen des Grundstücks eingesetzt. Sie sollten also das Kommen jedes fremden Menschen durch Bellen lautstark ankündigen oder das Grundstück sogar verteidigen. Wenn jedoch heute ein Hund am Gartenzaun den Nachbarn anbellt oder den Postboten, so ist das meist unerwünscht. Ebenso verhält es sich mit Jagdhunden, die aufgrund ihrer Veranlagung jede Gelegenheit zum Jagen nutzen, was jedoch deren Besitzer nicht unbedingt glücklich macht. Wir Menschen

Wie Sie unerwünschtes oder unklares Verhalten Ihres Hundes analysieren können, um der Ursache auf den Grund zu gehen.

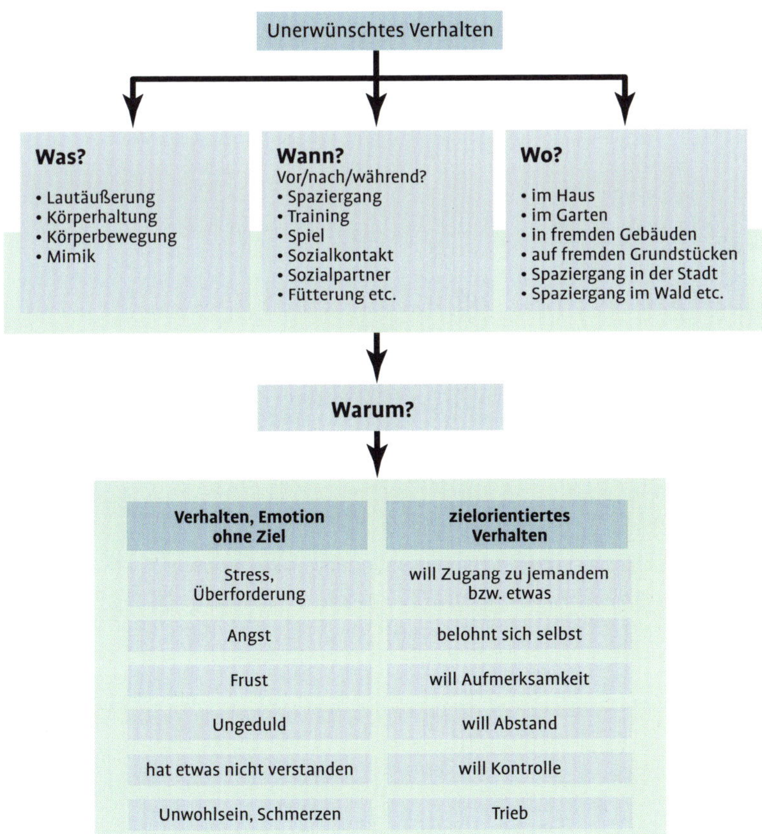

oder vielmehr unsere Inkonsequenz sind also in vielen Fällen das Problem und nicht die Veranlagung unserer Hunde.

Auch das Buddeln ist eine ganz natürliche Verhaltensweise der Hunde, die nicht immer zur Freude der Gartenbesitzer ausgelebt wird. Viele Beutetiere leben unter der Erde, sodass besonders Hunde mit Jagdinstinkt gern mal nachschauen wollen, ob es unter der Erde was zu holen gibt.

Vielleicht baut sich Ihr Hund auch ein Zusatzbettchen, also eine Mulde, die im Sommer durch die aufgewühlte Erde angenehm kühlen kann. Vielleicht will er auch einfach nur eine wichtige Ressource, wie einen Kauknochen, verstecken?

Langeweile macht erfinderisch

Langeweile aufgrund von Unterbeschäftigung kann auch ein Grund sein, warum sich ein Hund einen Job sucht. Dieser Job ist den seltensten Fällen eine Beschäftigung, die wir mögen. Entweder es wird zwecks Neugestaltung des Gartens gebuddelt oder das Territorium wird akribisch bewacht und verteidigt. Und wenn nichts anderes zum Jagen da ist, dann ist der Jogger dran. Mit anderen Worten: Ihr Hund hat jede Menge Potenzial und gute Energie, die Sie nur in die richtige Bahn lenken dürfen und müssen.

Eine Analyse von unerwünschten Verhaltensweisen Ihres Hundes hilft Ihnen, seine Motivation für die eine oder andere „Missetat“ (nach menschlicher Einschätzung) zu verstehen. Wenn danach eine Therapie überhaupt nötig ist, können Sie diese viel besser auf die Situation und Ihren Hund zuschneiden.

Warum tut Ihr Hund das?

Unerwünschtes Verhalten kann viele verschiedene Ursachen haben. Manche Verhaltensweisen haben (scheinbar) kein Ziel, andere sind zielorientiert. Wenn Ihr Hund Zugang zu jemandem oder zu etwas will, so ist das für ihn ein klares Ziel, das er mit einer von ihm gewählten Methode zu erreichen gedenkt. Demgegenüber stehen unbewusste Verhaltensweisen, die emotionsgesteuert sein können. Sie können aber auch durch diverse Stresssituationen, Unverständnis oder auch Schmerzen verursacht werden.

Frust und Ungeduld können den Hund unruhig werden lassen, was durch Winseln, Fiepen und Bellen begleitet sein mag. Aufgeregtes Hin- und Herlaufen oder Bellen können auch helfen, Stress abzubauen.

Ein Hund, der ein Kommando nicht befolgt, hat möglicherweise noch gar nicht gelernt, was von ihm erwartet wird. Vielleicht ist er auch gestresst, deshalb nur vermindert lernfähig und kann deshalb das Kommando nicht befolgen. Eine dritte Ursache kann sein, dass er gelernt hat, sein Besitzer besteht nicht konsequent genug auf die Ausführung der Kommandos und dann muss er es auch nicht so genau damit nehmen.

Was können Sie tun?

Sobald Sie durch die genaue Beobachtung Ihres Hundes und die Berücksichtigung aller Begleitumstände das unerwünschte Verhalten analysiert haben, können Sie über geeignete Maßnahmen zur Korrektur nachdenken. Hierfür finden Sie zu vielen Auffälligkeiten im Buch wertvolle Ratschläge und Tipps.

In Abhängigkeit vom Verhalten, das Sie gern korrigiert hätten, empfiehlt es sich zu überlegen, ob und wie Sie trainieren können und wollen. Wenn Ihr Hund beim Freilauf oft wegläuft, Sie aber kein intensives Rückruftraining durchführen wollen, so mag die Lösung für Sie und Ihren Hund in Managementmaßnahmen liegen (Seite 121). Scheuen Sie sich nicht bei akuten oder hartnäckigen Problemen möglichst frühzeitig einen Hundetrainer zurate zu ziehen.

Eine Analyse als Beispiel

Was? Eine meiner beiden Hündinnen rennt während der Ausruhphase plötzlich rasend schnell im Zickzack durch die Wohnung, sie scharrt immer wieder mit den Pfoten auf dem Boden, legt sich wieder auf ihren Ruheplatz und startet schon wenige Sekunden wieder mit ihrer „Scharr-Flitz-Aktion“. Zwischendurch leckt sie sich immer wieder die Pfoten, die jedoch optisch keine Veränderungen zeigen. Das Verhalten erscheint mir befremdlich, deshalb will ich der Sache auf den Grund gehen.

Wann? Dieses Verhalten zeigt sie etwa 20–30 min nach einer Outdoor-Aktivität, wenn sie normalerweise zur Ruhe kommt. Sie hält für etwa 30 min an. Seltsamerweise zeigt ihre Schwester, die immer an denselben Aktivitäten beteiligt ist, dieses Verhalten nicht oder seltener bzw. weniger intensiv.

Wo? Im Haus, was allerdings Zufall ist, da wir uns nach den entsprechenden Aktivitäten bevorzugt im Haus aufhalten.

Warum? Entsprechend der Grafik zur Analyse habe ich im Ausschlussverfahren alle aufgeführten Verhaltensgründe geprüft und kam zu dem Schluss, dass ihr Verhalten nur durch Unwohlsein oder Schmerzen verursacht werden kann. Ich vermutete unangenehmes Jucken oder Brennen der Pfotenballen und/oder Ballenzwischenräume.

Wodurch? Aufgrund der Korrelation zwischen dem Auftreten des ungewöhnlichen Verhaltens mit Spaziergängen über Feld und Flur vorrangig mit Freilauf, den Jahreszeiten und dem damit verbundenen Pflanzenwuchs schlussfolgerte ich zunächst, dass bestimmte Pflanzen, wie z. B. Brennnesseln, die Pfoten der Hunde mehr oder weniger stark verbrennen, was zu dem Juckreiz führen könnte. Andere Ursachen, wie z. B. Milben oder andere Parasiten, können derzeit nicht komplett ausgeschlossen werden.

Unser Vorgehen: Ich achte und meide bei unseren Aktivitäten im Freien Flächen mit Brennnesselbewuchs. Beim geringsten Anzeichen von quälendem Juckreiz an den Pfoten nach dem Spaziergang wasche ich die Pfoten beider Hunde mit lauwarmem Wasser ab, was deutliche Linderung bringt. Pfotenbalsam vor dem Spaziergang und nach dem Waschen der Pfoten scheint die Beschwerden auch abzuschwächen.

Ihr Hund geht über Tisch und Bänke?

Warum tobt Ihr Hund hemmungslos über die Sitzecke oder knabbert Möbelstücke an? Erforschen Sie, was in ihm vor sich geht. Das hilft, die beste Maßnahme zu finden.

Haben Sie einen sehr jungen Hund oder einen erwachsenen Hund adoptiert? Wie ist Ihr Hund hinsichtlich seiner Aktivität, ist er auffällig unruhig? Ist er von Anfang an so ein hemmungsloser Draufgänger gewesen oder hat er sich erst in der Eingewöhnungsphase dazu entwickelt? Macht er das stets und ständig, wenn er Lust und Laune dazu hat, egal wer sich noch im Raum befindet? Oder gibt es da Unterschiede? Versucht er eventuell dann auf den Tisch zu gelangen, wenn sich dort Lebensmittel befinden? Alle Beobachtungen zum Was, Wann und Wo helfen, das Warum zu verstehen (Seite 105).

Alles neu und unbekannt?

Wenn Ihr Hund (egal welchen Alters) zu Beginn seines Einzugs in Ihr Zuhause hemmungslos über Ihre Sitzecke sprintet oder diese sogar zerlegt, dann kann es durchaus sein, dass er in seinem früheren Leben noch nie in einem Haushalt gelebt hat und nun komplett irritiert ist von dem, was alles so rumsteht. Vielleicht wurde er auf der Straße geboren, kam von dort ins Tierheim und von dort direkt zu Ihnen. Hunde, die komplett irritiert von der Umgebung sind, sind dementsprechend aufgeregt, weil sie sich im ersten Moment nicht zurechtfinden. Ein solcher Hund braucht unbedingt Ihre verständnisvolle Hilfe.

Wohnungseinrichtung respektieren lernen

Hier ist es hilfreich, wenn Ihr Hund ein bequemes Geschirr mit einer Hausleine trägt (Seite 32). Wenn er immer wieder aufs Sofa springen sollte, so sagen Sie streng und bestimmt *Nein* und führen ihn wieder runter.

Besser ist es jedoch, wenn Sie Ihren Hund schon vorher stoppen können. Beobachten Sie ihn dafür möglichst unauffällig. Sobald Ihr Hund aufs Sofa, Sitzecke oder Tisch springen will, so können Sie ihm körpersprachlich klar machen: Hier geht es nicht rauf! Sie können sich dazu vor dem entsprechenden Möbelstück positionieren. Ihr Blick ist auf Ihren Hund gerichtet und Sie stehen mit dem Rücken zum entsprechenden Möbelstück. Strecken Sie Ihre Arme seitlich vom Körper weg. Die Handinnenflächen zeigen zum Hund. Ihre Hände sollten dabei die Höhe Ihrer Hüften nicht überschreiten. Bleiben Sie ruhig und bestimmt dabei. Benutzen Sie Ihr Verbotswort (Seite 97 ff.).

Wenn Sie Ihren Hund von der Benutzung von Sofa oder Sitzecke abhalten, dann erklären Sie damit diese Möbelstücke als Tabuzone. Bleiben Sie von nun ab konsequent bei Ihrer Entscheidung und halten Sie ihn vom Hochspringen aufs Sofa ab oder korrigieren ihn, indem Sie ihn runterführen – immer!

„Was hier so für fremde Dinge rumstehen …“

Wenn Sie beobachten, dass Ihr Hund brav vor dem Sitzmöbel stehen bleibt und keine Ambitionen zeigt hochzuspringen, so loben Sie ihn mit ruhigen Worten.

Hat sich die Marotte erst später entwickelt?

Hat Ihr Hund die Marotte, über Tisch und Bänke zu gehen, erst später entwickelt? Dafür kann es mehrere Gründe geben. Vielleicht glaubt er sich Rechte herausnehmen zu können, die ihm nicht zustehen? Möglicherweise fehlte es an konsequentem Verbot? Eventuell ist er unzufrieden und unglücklich, weil ihm angemessene Beschäftigung fehlt? Angemessene Beschäftigung lastet Ihren Hund aus und sichert ihm Erfolgserlebnisse, die schließlich jeder braucht (Seite 47 ff.).

Welpen knabbern besonders gern

Bei einem Welpen oder jungen Hund kann es gut passieren, dass er den einen oder anderen Gegenstand mit seinen Zähnen untersuchen will. Für alle sehr jungen Hunde eignen sich vor allem Managementmaßnahmen, um das welpenbedingte Knabberverhalten zu unterbinden, denn die Welpenzeit geht sehr schnell vorbei und damit auch diese Knabberei.

Welpen und junge Hunde knabbern sehr gern und brauchen das auch für die Entwicklung ihres Gebisses. Geben Sie aus diesem Grund Ihrem Vierbeiner handelsübliche Knabbereien, die für diesen Zweck bestimmt sind. Wenn Ihr Hund seine Knabberlust an den Kauartikeln abreagieren kann, so wird hoffentlich sein Interesse am Mobiliar nachlassen. Achten Sie außerdem auf angemessene Auslastung Ihres Welpen, um Langeweile auszuschließen.

Des Weiteren hilft eine gute Beobachtung Ihres Schützlings, um mögliche Risiken zu identifizieren und alle Gegenstände sicherzustellen, die Ihr Hund zum Fressen lieb haben könnte. Bei Schuhen ist das leicht möglich, weil Sie die wegräumen können. Auf Tische und Stühle wollen Sie natürlich nicht verzichten. Um trotzdem unangenehme Kratzspuren zu vermeiden, sollten Sie die Knabberambition Ihres Hundes mit einem geeigneten Stopp-Wort Ihrer Wahl noch vor dem ersten Knabberansatz unterbinden (Seite 97 ff.).

Verführungen vermeiden

Wenn nur die Lebensmittel auf dem Tisch in der Küche die Motivation sind, auf den Tisch zu springen, so empfiehlt sich hier eine simple Managementmaßnahme, nämlich das Schließen der Küchentür. So hat Ihr Hund an dieser Stelle eine Tabuzone, die er nicht betreten darf.

Überlegen Sie bei jeder Maßnahme, ob Sie diese auch konsequent durchsetzen wollen und können. Das soll heißen, wenn Ihre Sitzecke tabu für Ihren Hund sein soll, dann muss sie das auch immer sein. Er könnte nicht verstehen, wenn er abends zur Fernsehzeit sich mit Frauchen auf dem Sofa zusammenkuscheln darf, aber für den Rest des Tages runter geführt wird.

Oder gibt es gesundheitliche Gründe?

Steht sein Verhalten eventuell im Zusammenhang mit einer Hyperaktivität? Bei einem solchen Verdacht sollten Sie einen Tierarzt konsultieren, der eventuellen gesundheitlichen Ursachen auf den Grund gehen kann. Des Weiteren empfiehlt sich auch eine Ernährungsberatung. Wenn im Futter zu viel Protein aus niederen Quellen verfüttert wird, so kann sich Ammoniak bilden, das über den Blutkreislauf ins Gehirn gelangen und dort Verhaltensänderungen hervorrufen kann. Hyperaktivität oder ungünstige Proteinquellen im Futter sind aber eher seltene Ursachen für die beschriebenen Verhaltensweisen.

Oh je, Probleme mit der Stubenreinheit!

Haben Sie Verständnis und Geduld mit Ihrem Tierschutzhund, wenn er zu Beginn nicht stubenrein ist. Woher soll er denn die neuen Regeln in Ihrem Zuhause kennen?

Die Wahrscheinlichkeit ist groß, dass Sie mit einem Tierschutzhund in dieser Hinsicht etwas geduldig und verständnisvoll umgehen müssen. Ihr Hund hat womöglich seine Geschäfte zu jeder Tages- und Nachtzeit verrichten können, weil es keinen speziellen Rhythmus im Tagesablauf und keine für ihn erkennbare Struktur zwischen Zwingeraufenthalt und Freigang, wenn der überhaupt möglich war, gab. Und wenn er sein Leben vor dem Tierheimaufenthalt als Straßenhund gefristet haben sollte, so gab es auch da keine Gründe, auf bestimmte Zeiten zu achten. Lediglich bei Abgabetieren können Sie bei kurzem Tierheimaufenthalt Glück haben, dass sie die Stubenreinheit schnell wieder erlangen.

Eine ganz andere Ursache kann vorliegen, wenn Sie immer wieder einen feuchten Ruheplatz Ihrer Hündin vorfinden, weil sie unkontrolliert Urin verliert. Dieses Symptom kann mit der Kastration zusammenhängen. Hier kann nur ein Tierarzt helfen. Diese Form der Unreinheit sei in diesem Kapitel ausgeklammert.

Stubenreinheit wieder lernen

Als grobe Faustregel gilt: Nach jedem Fressen, Schlafen und Spielen sollte der Hund Gelegenheit bekommen, sich lösen zu können. Ein guter und verlässlicher Tagesrhythmus hilft ungemein, denn so kriegen Sie schnell mit, ob die von Ihnen gewählten Gassi-Gehzeiten ausreichend sind.

In den ersten Tagen nach dem Einzug Ihres Vierbeiners sollten Sie ihm etliche kleine Gassi-Runden anbieten, denn bei Aufregung drückt die Blase schneller. Auch bei Hundedamen empfehlen sich kürzere Intervalle. Wenn Sie einen Welpen adoptiert haben, so bieten Sie ihm auch nachts Gelegenheit, außerhalb des Hauses sein Geschäft zu erledigen. Jedes Lösen außerhalb des Hauses wird natürlich gelobt. Bleiben Sie geduldig. Es wird eine Weile dauern. Das ist ganz normal. Strafen Sie Ihren Hund nicht, wenn ein Missgeschick passiert ist, er macht es nicht, um Sie zu ärgern.

Tipp

Ein kleines Signalwort wie *Machschön* im Moment des Lösens zu verwenden, ist ganz nützlich. Wenn Sie dieses sehr oft und zeitexakt zu diesem Zweck verwenden, dann können Sie ihn später, wenn die Zeit mal knapp ist, mit diesem Signalwort daran erinnern, was zu erledigen ist.

Wie stehen die Chancen?

Im Allgemeinen verstehen Hunde relativ schnell, wo sie sich lösen können und wo nicht. Es gibt aber leider auch hartnäckige Ausnahmen. Fütterungszeiten zu verändern mag helfen, um einen erwachsenen Hund dazu zu bringen, nachts durchzuhalten.

„Nun komm doch endlich, ich kann nicht mehr warten."

Ein Beispiel

Meine Tierschutzhunde waren Abgabetiere, die vor ihrer Adoption zwei Jahre im Tierheim zugebracht haben. Im neuen Zuhause haben sie etwa neun Monate gebraucht, bis sie nachts verlässlich stubenrein waren. Es gab immer wieder Phasen, in denen Missgeschicke passiert sind. Verschiedene Managementmaßnahmen, wie das Verschieben der Fütterungszeiten, eine zusätzliche größere Gassi-Runde spät abends, der Einbau einer Hundeklappe in die Eingangstür, um zu jeder Tages- und Nachtzeit selbstständig aufs Grundstück zu können, haben nicht zum erwünschten Durchbruch geführt. Letztlich hat es einfach nur die Zeit gebracht. Die Damen sind in den letzten vier Jahren nie wieder rückfällig geworden.

Fiepen, Winseln und Bellen!

Fiepen, Winseln und Bellen können verschiedene Ursachen haben. Eine genaue Beobachtung Ihres Hundes und der Begleitumstände ist nötig, um sein Verhalten zielführend korrigieren zu können.

Wenn Sie einen Tierschutzhund gerade bei sich aufgenommen haben, dann ist seine Unruhe nur allzu verständlich. Die neue Situation stresst ihn.

Bestimmt würden Sie ihn nur allzu gern trösten und ihm liebe Worte sagen, dass er sich doch nicht zu fürchten braucht. Doch das bringt leider nichts. Sie würden unbewusst seine Unruhe verstärken. Er versteht Ihre leisen und lieben Worte als Lob, und damit verstärken Sie sein Verhalten. Wie Sie mit einem Hund, der vor lauter Angst winselt, am besten umgehen können, ist auf Seite 32 f. beschrieben. Verhalten Sie sich so, als würde es die Lautäußerung nicht geben. Achten Sie darauf, dass Sie Ihren Hund in positiven Situationen (z. B. er liegt brav auf seinem Bettchen) nur dann loben, wenn er dabei ruhig ist, sonst belohnen Sie die Lautäußerung unbeabsichtigt mit.

Körperliches Unwohlsein als Ursache

Winseln vor Schmerzen erkennen Sie an der Art des Winselns in den entsprechenden Situationen. Angenommen Ihr Hund winselt leise und wimmernd am Morgen, eine gewisse Zeit nach seiner Fütterung. Dabei liegt er in seinem Bettchen. Nach einer Weile hört er wieder auf. Könnte vielleicht sein Futter eine Unpässlichkeit verursachen? Achten Sie hierbei auf eventuelle zusätzliche Symptome, die im Zusammenhang stehen können. Hat er Durchfall oder Verstopfung?

Ihre genaue Beschreibung des Verhaltens Ihres Hundes sowie die exakten Begleitumstände helfen sowohl Ihnen als auch Ihrem Tierarzt bei der Diagnose. Je nach Schweregrad der Unpässlichkeit Ihres Hundes kann entweder eine Ernährungsberatung mit anschließender Futterumstellung helfen oder die tierärztliche Untersuchung und Behandlung.

Bei allen anderen Auffälligkeiten, bei denen Sie Schmerzen vermuten, sollten Sie immer zeitnah einen Tierarzt aufsuchen.

Bitte um Aufmerksamkeit

Tierschutzhunde, die in ihrem Streuner-Vorleben hungern mussten, könnten durch bettelndes Winseln immer mal wieder Erfolg gehabt haben. Deshalb glauben sie auch in ihrem neuen Zuhause, dass sie mit dieser Strategie schnell zum Ziel kommen können.

Fiepen und Winseln treten oft mit der Bitte oder Forderung um Aufmerksamkeit auf. Oder der Hund ist ungeduldig auf freudige Erwartungen wie Streicheleinheiten, Futter oder ein baldiger Spaziergang mit dem Hundekumpel. Unruhe kann ein allgemeines Symptom sein, das in den verschiedensten Lebensbereichen immer wieder aufkommt.

Viele Hundehalter lassen sich durch herzzerreißendes Winseln beim Bitten und Betteln erweichen, sodass der Hund auf diese Weise das Objekt seiner Begierde erhält. Da sich diese Strategie offensichtlich lohnt, wird er sie häufiger einsetzen und wenn Winseln nicht mehr schnell genug zum Ziel führt, dann wird gebellt. Aus anfänglichem Bitten und Betteln kann ein energisches Erinnern oder Fordern werden.

Manchmal hilft ignorieren, aber nicht immer

Wie können Sie das nun wieder gerade biegen? Am effektivsten ist es, wenn Sie bereits anfängliches Winseln und Bellen durch Ignorieren unterbinden und Ihrem Hund nicht nachgeben. Wenn Ihr Hund so früh wie möglich die Erfahrung macht, dass er durch Winseln und Bellen nichts (aber auch wirklich gar nichts) erreicht, dann ist Ignorieren sehr effektiv. Der Hund begreift, dass sich Winseln nicht lohnt. Im Gegenteil, wenn ihm Aufmerksamkeit durch Ignorieren entzogen wird, so ist dies strafend für ihn.

Wenn sich jedoch in bestimmten Situationen das ungeduldige Winseln manifestiert hat, weil es schon oft erfolgreich praktiziert wurde, so ist Ignorieren nicht die richtige Maßnahme. Vielleicht haben Sie schon versucht, der Ungeduld Ihres Hundes durch Ignorieren zu begegnen, haben aber schließlich doch abgebrochen, weil Ihnen die Maßnahme zu lang vorkam. Durch diesen Abbruch hat Ihr Hund leider gelernt, dass er letztlich mit seinem Gewinsel doch zum Ziel kommen kann. Deshalb wird er zukünftig noch intensiver winseln und vor allem deutlich länger durchhalten. Er verfolgt noch hartnäckiger sein Ziel, um Sie endlich zur Kooperation mit ihm zu bewegen.

Geduld trainieren

Um die Geduld Ihres Hundes zu trainieren und damit seine Impulskontrolle zu verbessern, können Sie zum Beispiel beim Durch-die-Tür-Gehen starten und wie folgt vorgehen:

Bleiben Sie ruhig mit ihm vor der geschlossenen Tür stehen, bis Ihr Hund sein Drängeln aufgibt und ruhig wird oder sich sogar setzt. Öffnen Sie nun langsam etwas die Tür. Wenn Ihr Hund gleich wieder durchstürmen will, so schließen Sie die Tür wieder, noch bevor er hindurch schlüpfen kann. Tun Sie das bitte vorsichtig, um Ihren Hund nicht zu verletzen. Reden Sie nicht mit Ihrem Hund und geben Sie ihm kein Kommando. Beobachten Sie ihn unauffällig. Wenn er sich wieder abwartend und ruhig verhält, dann öffnen Sie wieder langsam die Tür. Jedes Durchstürmen wird mit dem Verschließen der Tür beantwortet, ohne dass Ihr Hund zum Erfolg kommt. Machen Sie das so lange, bis Sie die Tür öffnen können, während Ihr Hund ruhig abwartet und Sie anschaut. Jetzt können Sie ihm gestatten, Ihnen nach draußen zu folgen. Bleiben Sie konsequent am Ball. Von jetzt ab gehen Sie mit Ihrem Hund nie mehr durch diese Tür, solange er unruhig ist.

Wenn Sie beide diese Situation gut gemeistert haben, dann können Sie brisantere Gegebenheiten ihres Alltags angehen. Eine besonders brisante Situation für hündische Ungeduld ist oft die Zubereitung des Futters. Der Moment, in dem Sie den Futternapf holen, füllen und schließlich Ihrem Hund geben, kann für den ungeduldigen Vierbeiner meist nicht schnell genug gehen. Wenn dann noch durch Ihre gute Alltagsstruktur die Fütterungszeit immer nach einer bestimmten Aktion im Haus stattfindet, dann kann es gut passieren, dass Ihr Hund Sie ungeduldig an Ihre Pflicht erinnert, noch bevor Sie überhaupt den Napf in die Hand genommen haben. Die Frage ist nun, zu welchem Zeitpunkt im Ablauf Sie das Training starten?

Dieser kleine Kerl erwartet voller Ungeduld sein Futter.

Dauernde Unruhe

Immer wiederkehrende Ungeduld und Unruhe tun Ihrem Hund auf Dauer nicht gut, weil er aufgrund der reduzierten Ruhezeit zu wenig entspannt. Ursachen dafür können sein:

- Ungenügende Impulskontrolle vor bestimmten Aktivitäten Kontrollzwang oder Verlustangst, weshalb er Sie auf Schritt und Tritt verfolgt:
- Zu viele Aktivitäten, die Sie mit ihm durchführen

Training der Impulskontrolle vor der Fütterung

Bereiten Sie das Futter für Ihren Hund vor. Ihr Hund ist wie gewohnt ungeduldig und kann es nicht erwarten, sein Futter zu bekommen. Er fiept, winselt und bellt und kann nicht stillstehen. Sie stellen den fertig gefüllten Futternapf an einen Ort, der für Ihren Hund nicht erreichbar ist. Sie selbst setzen sich gemütlich irgendwo hin, ignorieren ihn und seine Ungeduld und warten, bis sich Ihr Hund entspannt hinlegt. Das kann sehr, sehr lange dauern, weil er mit seiner Winselstrategie vermutlich schon oft erfolgreich war. In dieser lang andauernden Phase wird unklar, ob Sie den Hund oder sein Anliegen ignorieren. Mit zunehmender Zeit des Nichtreagierens von Ihrer Seite versteht der Hund nicht mehr, warum er plötzlich Luft für Sie ist. Das ist Folter für Ihren Hund und vermutlich auch für Sie.

Eine schonendere Variante ist daher zu empfehlen, wenn die erste Variante sich zu lange hinzieht (mehr als 10 Minuten). Unterbrechen Sie die Prozedur der Futterzubereitung mehrfach, um anderen Tätigkeiten nachzugehen. Ihr Hund wird anfänglich jeden einzelnen Schritt mit Ungeduld verfolgen, doch er lernt in einigen Tagen, dass Ihre Handlungen mit seinem Napf gar nicht der Startschuss für seine Fütterung sind. Seine Erwartungshaltung reduziert sich und Sie löschen quasi eine frühere Verknüpfung (Seite 69 ff.). Er wird also das zuvor gezeigte ungeduldige Verhalten nach und nach einstellen.

Allerdings lernt er auch ganz schnell wieder neue Verknüpfungen herzustellen, nämlich die zwischen ihrer letzten Aktivität unmittelbar bevor er die Futterschüssel vor seiner Nase hat. Er wird wieder versuchen, diese Zeit durch Winseln zu verkürzen. Jetzt sind Sie aber darauf vorbereitet und ignorieren von Anfang an konsequent seine Ungeduld, sodass er nicht (wieder) die Lernerfahrung machen kann, dass seine Ungeduld zum beschleunigten Futterservice führt.

Gelegenheit macht Diebe!

Die Hemmschwelle Ihres Tierschutzhundes, bei Hunger, Appetit und Gelegenheit zum Dieb von Lebensmitteln zu werden, ist vermutlich niedriger als bei Züchtungshunden. Kein Wunder!

Das Motiv Ihres Hundes, zum Dieb zu werden, ist klar. Er realisiert einen Leckerbissen in seiner Nähe und greift zu. Je nachdem wie hungrig und verfressen er ist, wäre er eigentlich schön blöd, wenn er die Gelegenheit nicht nutzt. Hinzu kommt, dass er je nach Herkunft eventuell Hungerphasen durchleiden musste. Außerdem hat er vielleicht von Menschenabfällen leben müssen und hat deren Geschmack zu schätzen gelernt. Er zieht sie vielleicht aufgrund der Gewürze sogar dem faden Hundefutter vor.

Wenn Sie über eine Erziehungsmaßnahme nachdenken, um Ihrem Hund beizubringen, selbst der größten Versuchung zu widerstehen, landen Sie wahrscheinlich bei positiver oder negativer Strafe (Seite 69 ff.). Sie führen Ihrem Hund also entweder etwas Unangenehmes zu (positive Strafe) oder aber Sie entziehen ihm etwas Angenehmes (negative Strafe).

Auf frischer Tat ertappen

Falls Ihr Hund selbst während Ihrer Anwesenheit nicht auf verbotene Leckereien verzichtet und stehlen will, so haben Sie erziehungstechnisch gesehen gute Karten. Seien Sie wachsam und stoppen ihn mit dem Nein-Kommando (Seite 97 ff.).

Diese Strategie ist eine negative Strafe, die Enttäuschung oder Frust nach sich zieht, weil er durch ihren Eingriff nicht an das begehrte Lebensmittel kommt. Diese Maßnahme ist akzeptabel und wirksam, allerdings sehr wahrscheinlich nur solange sie anwesend sind, was mit großer Wahrscheinlichkeit nicht das eigentliche Problem trifft.

Gelernt ist gelernt

Hundediebe agieren schnell und geschickt und nutzen unbeobachtete Situationen. Selbst die kleinen Vierbeiner, denen man nicht zutraut, auf den Tisch zu kommen, springen rasch mal auf den Stuhl und von dort aus auf den Tisch und weg ist der Kuchen für den Kaffeeklatsch.

Wirksames Management

Am besten ist: Führen Sie Ihren Hund nicht in Versuchung. Achten Sie in Zeiten Ihrer Abwesenheit darauf, dass Ihr Hund keinen Zugang zu Lebensmitteln hat, die Sie für die zweibeinigen Familienmitglieder und nicht für den Gauner auf vier Pfoten bestimmt haben. Entweder der Raum mit den Verführungen ist verschlossen, sodass Ihr Hund ihn nicht betreten kann oder Sie haben die Lebensmittel innerhalb des Raumes gut und unerreichbar verstaut.

Wenn Ihr Hund über längere Zeit nicht mehr zum Erfolg kommt, erlischt bei ihm die Gewohnheit, im Haus nach zusätzlichen Futterquellen Ausschau zu halten. Sie löschen praktisch eine alte Verknüpfung (z. B. Küchentisch und Leckerei). Das wird sich aber sofort wieder ändern, wenn unerwartet ein Leckerbissen vor seiner Nase duftet.

„Tja, wer kann bei diesem Angebot schon widerstehen?“

Wieder mal beim Freilauf abgehauen?

Ob Ihr Hund Sie auf Ihren Spaziergängen ohne Leine begleiten kann, ist von vielen Faktoren abhängig. Schauen Sie, was möglich ist, und treffen Sie Ihre persönliche Entscheidung.

Jeder Hundebesitzer liebt einen schönen Spaziergang durch den Wald oder über Feld und Flur und der brave Hund läuft ohne Leine neben ihm oder lässt sich bei jeder Gelegenheit heranrufen. Voraussetzung für solch einen Spaziergang ist ein sicherer Rückruferfolg in jeder Situation. So ein sicherer Rückruf muss hart erarbeitet werden, und trotzdem ist er nicht für jedes Hund-Mensch-Team überall möglich.

Realistische Erwartungen

Wie realistisch ist eigentlich die Vorstellung, dass Sie Ihr Hund auf Spaziergängen ohne Leine begleiten kann? In der Eingewöhnungsphase (3 bis 6 Wochen) sollten Sie in dieser Hinsicht diesbezüglich keine Experimente starten. Von wenigen Ausnahmen abgesehen ist ein Freilauf in den ersten Wochen im neuen Zuhause nicht möglich. Gründe hierfür sind die für den Hund fremde Umgebung, die noch fehlende Bindung zu Ihnen, eventuell Heimweh zur gewohnten Umgebung, die er suchen würde, fehlendes Rückruftraining oder sein eventueller Jagdtrieb (Seite 34). Später verlieren sich tierschutzrelevante Gründe, auf einen Freilauf verzichten zu müssen. Es bleiben als Gründe sein eventueller starker Jagdtrieb, die Stärke der Bindung, die Sie zu ihm haben aufbauen können, und mögliche Lücken beim Rückruftraining.

Beim Rückruftraining kommt es darauf an, wie intensiv und erfolgreich Sie das Training haben durchführen können und auch wollen.

Rückruftraining – erste Schritte

Es lässt sich nicht pauschal festlegen, wann Sie mit dem Rückruftraining nach der Adoption beginnen können. Das ist im Wesentlichen von Ihrem Hund abhängig. Wenn er sich außerhalb des Hauses noch extrem gestresst zeigt, dann sind nach wie vor Spaziergänge in der nahen Umgebung mit geringen Umweltreizen anzuraten. Dennoch können Sie bereits im Haus oder falls vorhanden im Garten kleine Trainingseinheiten wie folgt absolvieren:

- Überlegen Sie sich ein geeignetes Signalwort, bei dem Ihr Hund zu Ihnen kommen soll. (z. B. *Hier*).
- Sagen Sie zunächst nur den Namen Ihres Hundes. Wenn Sie das schon geübt haben (Seite 36), dann könnte er aufhorchen und vielleicht sogar zu Ihnen gelaufen kommen.
- Nutzen Sie dieses Herankommen und sagen Sie jetzt das gewählte Signalwort, also *Hier*.
- Sobald er bei Ihnen angekommen ist, wird er sofort belohnt.
- Sagen Sie dann *Okay*, was sein Zeichen sein soll, dass er wieder andere Dinge machen und sich entfernen kann.

Beim Training mit der Schleppleine muss Ihr Hund unbedingt ein Geschirr tragen. Ein Halsband ist zu gefährlich.

- Je häufiger Sie das Heranrufen erfolgreich trainieren, umso leichter wird ihm später das Training außerhalb des Hauses oder Gartens fallen.
- Achten Sie darauf, dass Sie das Rückrufsignal wirklich nur dann zu ihm sagen, wenn die Wahrscheinlichkeit fast 100 % beträgt, dass er auch wirklich kommt.
- Machen Sie ihn immer erst mit seinem Namen auf sich aufmerksam und warten Sie kurz, ob er kommt.
- Zeigen Sie ihm Ihre Freude, wenn er angelaufen kommt.
- Wenn Ihr Hund klein ist, dann gehen Sie beim Heranrufen in die Hocke. Sie wirken dadurch nicht bedrohlich und Sie müssen sich nicht über ihn beugen, wenn Sie ihm ein Leckerchen geben.

Rückruftraining außer Haus

Wenn Sie mit Ihrem Hund außerhalb des Hauses in der Natur trainieren können, so wählen Sie auch hierfür zunächst eine ablenkungsarme Gegend und gehen Sie wie folgt vor:

- Ihr Hund trägt eine am Geschirr befestigte Schleppleine (5 bis 10 m) und Sie starten Ihren Spaziergang.
- Sie halten das Ende der Schleppleine, die hinter Ihnen her schleift. Es wird nicht lange dauern und der Abstand zwischen Ihnen und Ihrem Hund wird größer.
- Warten Sie nicht, bis das Ende der Leine erreicht ist, sondern rufen Sie vorher ganz freundlich seinen Namen und warten kurz ab, was er macht. Idealerweise sollte er freudig zu Ihnen gelaufen kommen.
- Diese Phase nutzen Sie wieder, um das Signalwort für den Rückruf zu sagen, sodass er das Wort mit seinem Tun, zu Ihnen zurückzukommen, verknüpfen kann.
- Bei Ihnen angekommen, bekommt er sofort seine Belohnung.
- Stellen Sie dabei einen Fuß auf die Leine, damit er nicht gleich wieder davon sprinten kann.
- Wenn er Sie aufmerksam anschaut, sagen Sie wieder *Okay* zu ihm und geben zugleich die Leine frei, damit er wieder laufen kann.

- Auch bei der Übung in der Natur soll das Rückrufsignal nur gegeben werden, wenn der Hund auch wirklich im Begriff ist, zu Ihnen zu laufen.

Wenn Sie in der frühen Phase des Trainings das Signalwort immer wieder vergebens aussprechen, doch Ihr Hund sich lieber mit etwas anderem beschäftigt und nicht kommt, dann kann er die gewünschte Verknüpfung nicht herstellen, oder aber er verknüpft das Signalwort mit irgendeiner anderen Geschichte, die unterwegs gerade zeitgleich zum ausgesprochenen Kommando passiert.

Wenn Sie gerade erst mit dem Training des Rückrufes starten, dann ist es die beste Variante für Ihren Schützling, wenn Sie günstige Gelegenheiten, die sich von allein ergeben, nutzen. Zeigen Sie Ihre Freude und belohnen Sie Ihren Hund zeitnah (sofort wenn er bei Ihnen ist) mit besonders guten Leckerchen.

Tipp

Überfordern Sie Ihren Hund nicht mit zu vielen Übungen an einem Tag. Günstige Situationen, die sich oft von allein ergeben, können für das Heranrufen genutzt werden. Das motiviert Ihren Hund mehr als Korrekturen durch das Heranholen mit der Leine.

Will er nicht kommen?

Wenn Ihr Hund beim Schleppleinentraining partout nicht automatisch zu Ihnen kommt, so gehen Sie wie folgt vor:

- Sie rufen den Namen Ihres Hundes, der gerade sonst was zu Schnüffeln hat und überhaupt nicht auf seinen Namen reagiert.
- Sie sagen dann das auserwählte Signalwort, doch er reagiert nicht.
- Sein Nichtkommen wird nun mit einer negativen Strafe (Seite 71 ff.) korrigiert, denn das, womit er gerade beschäftigt war, wird ihm entzogen, indem Sie ihn an der Leine zu sich holen.
- Seien Sie vorsichtig und machen Sie alles in Ruhe. Achten Sie darauf, dass die Leine nicht um seine Beine geschlungen ist.
- Während des Heranholens, kurz bevor der Hund bei Ihnen angekommen ist, sagen Sie das Signalwort *Hier* noch einmal.
- Er bleibt einen Moment bei Ihnen, ohne dass Sie etwas in irgendeiner Weise kommentieren.
- Sie sagen nach ein paar Augenblicken *Okay* und damit darf er sich wieder entfernen. Für dieses Nichtkommen bekommt er natürlich keine Belohnung.

Sie ahnen es schon, auch dieses Training muss oft wiederholt werden. Ihr Hund soll lernen: Wenn Sie *Hier* sagen, dann gibt es kein Wenn und kein Aber, er muss zu Ihnen laufen!

Können Sie es wagen …

Zu Beginn Ihres Rückruftrainings sind Übungen in einer ablenkungsarmen Umgebung zu empfehlen. Mit der Zeit können Sie den Grad der Ablenkung steigern. Sie werden merken, wie gut und wie schnell Sie mit diesem Training vorankommen. Wenn der Rückruf super gut klappt, und zwar jedes Mal (mehr als 20-mal in Folge), in jeder Umgebung, auch wenn ein Hase oder ein Reh vorbeiläuft, dann können Sie es wagen, den Hund ohne Leine laufen zu lassen.

Ein netter Spaziergang mit der Freundin und der Hund darf mit.

Antijagdtraining als Lösung?

Oft werben Hundeschulen mit einem Antijagdtraining und versichern Erfolg. Das kann bei konsequentem Training und moderatem Jagdtrieb Ihres Hundes auch gelingen. Sobald Sie aber selbst ein Skeptiker sind und nicht bei jedem Spaziergang über Feld und Flur zittern wollen, weil Ihr Hund vielleicht doch dem Hasen nachstellt, so sollten Sie Ihre Entscheidung, Freilauf zu gestatten, gut überdenken.

… oder besser nicht?

Seien Sie nicht frustriert, wenn Sie zu dem Schluss kommen, dass Ihr Hund besser nicht frei laufen sollte, weil er alle Rehe und Hasen zum Fressen lieb hat, er für sie wirklich alles stehen und liegen lässt und ihn auch kein noch so gutes Leckerchen aufhalten kann. Jagdhunde und die meisten ihrer Mischlinge haben nur die eine Ambition, nämlich zu jagen. Wenn sie dabei in ihrer Vergangenheit nur ein einziges Mal Erfolg hatten, wobei schon das Hinterherhetzen als Erfolg verbucht wird, so ist das für sie eine so immense Motivation, dass sie ihnen kaum eine akzeptable Alternative bieten können.

Stressfreie Spaziergänge mit Leine

Vielleicht entscheiden Sie sich, Spaziergänge mit Ihrem jagdlich ambitionierten Hund besser angeleint durchzuführen. Entweder Sie benutzen eine Schleppleine, die zugegebenermaßen nicht immer komfortabel ist, oder aber Sie nehmen eine leicht gängige Flexileine, die dem Gewicht Ihres Hundes angemessen ist und ebenfalls nur am Geschirr und nicht am Halsband befestigt wird. Roll- oder Flexileinen gelten bei den meisten Hundetrainern als ungeeignet (ständig auf Zug, Länge variabel, Leinenführigkeit kann nicht erlernt werden) und sind als gefährlich verpönt. Zugegeben, Flexileinen können durchaus Gefahrenquellen darstellen, doch ganz ungefährlich sind Schleppleinen auch nicht. Auf das bewusste und verantwortungsvolle Handling kommt es an.

Eine weitere Managementmaßnahme, die Ihrem Jagdhund Freilauf gestatten kann, wäre ein großes umzäuntes Grundstück. Halten Sie Ausschau danach in Ihrer Umgebung. Vielleicht haben Sie einen Hundeverein in Ihrer Nähe. Selbst wenn Sie nicht Mitglied im Verein werden wollen, so können Sie eventuell nach Absprache ein Freilaufgehege außerhalb der Trainingszeiten für einen kleinen Obolus nutzen.

Typische Angstprobleme der Tierschutzhunde

Angst hat viele Formen

Viele Tierschutzhunde bringen Ängste mit oder finden im neuen Zuhause viel Neues, was ihnen Angst macht. Wie verhalten Sie sich am besten und wie können Sie diese Ängste abbauen?

Die Abbildung auf dieser Seite gibt eine Übersicht über mögliche Angstauslöser bei Hunden. Je nach Wesenstyp und subjektivem Empfinden über die Stärke der Angst reagieren Hunde mit den sogenannten „4Fs" (Fight, Flight, Freeze, Fiddle). Entweder sie kämpfen (Fight) oder sie versuchen zu fliehen bzw. sich zu verstecken (Flight) oder sie erstarren und sind bewegungsunfähig (Freeze) oder sie suchen sozialen Kontakt, was den Eindruck erweckt, als würden sie herumalbern (Fiddle), was einer Übersprungreaktion entspricht.

Rezeptfreie Helferchen

Wovor Hunde Angst haben können, welche Strategien sie zur Bewältigung haben und wie Sie Ihrem Hund helfen können.

Diverse natürliche Beruhigungsmittel können die Verhaltenstherapie unterstützen, beispielsweise Kausnacks. Kauen über eine gewisse Zeit beruhigt. Es gibt auch Kausnacks als Nahrungsergänzungsmittel, die z. B. Baldrian zur Beruhigung, Johanneskraut und L-Tryptophan, eine Vorstufe des Glücklich-Machers Serotonin, enthalten.

Des Weiteren kann das Nahrungsergänzungsmittel Zylkene helfen. Zylkene mindert Stress und ist ohne Rezept erhältlich. Es enthält als natürliche Wirkkomponente Alpha-Casozepin aus Magermilch mit beruhigender Wirkung und des Weiteren Magnesium in

Form von Magnesiumstearat, das ebenfalls entspannend wirkt. Magnesium hat bei uns Menschen einen ähnlich entspannenden Effekt.

Ein weiteres Mittel ist Adaptil. Dieses Produkt enthält ein Pheromon, das als Entspannungssignal von der Mutterhündin an die Luft ausgesendet wird, um ihre Welpen zu beruhigen. Nur Hunde können dieses Pheromon riechen. Im Handel ist es als Zerstäuber, als Spray und auch in Form eines Halsbandes erhältlich.

Lassen Sie sich am besten von Ihrem Tierarzt beraten. Vielleicht empfiehlt er Ihnen auch eine Bachblütentherapie oder homöopathische Mittel.

Übersprungreaktionen

Dabei können Hunde auch aggressiv reagieren, wenn sie den vermeintlichen Angstauslöser nicht erreichen können. In solchen Fällen können sich die Aggressionen auch gegen andere Personen oder Hunde richten.

Warum Ihr Hund einem Körperkontakt ausweicht

Es kann für Sie sehr frustrierend sein, wenn Ihr Schützling Ihren Berührungen ausweicht und sich nicht oder kaum streicheln lässt. Sie geben sich alle Mühe und bieten ihm ein paradiesisches Hundeleben nach seiner schlechten Vergangenheit, und er empfängt Sie nicht mit „offenen Pfoten", wie Sie es vielleicht für angemessen halten würden. Was können die Ursachen sein und wie können Sie sich Ihrem Hund nähern?

Ihr Hund mag gar nicht oder nur unzureichend mit Menschen sozialisiert worden sein. Und, wenn er Erfahrungen mit Menschen gemacht hat, dann waren diese mehr schlecht als recht.

Geduld und Vertrauen

Nun ist der Aufbau von Vertrauen nötig und das erfordert viel Geduld. Bedrängen Sie Ihren Hund nie und lassen Sie ihm Zeit, ganz in Ruhe bei Ihnen anzukommen. Üben Sie sich im Nichtbeachten Ihres Hundes. In diesem Zusammenhang ist das keine Strafe, sondern eine Wohltat für Ihren Hund, denn er fühlt sich weder beobachtet noch muss er überlegen, ob etwas Bestimmtes von ihm erwartet wird. Er kann sich die Zeit nehmen, die er braucht. Dann kommt er von allein.

Je jünger ein Hund zum Zeitpunkt der Adoption ist (er sollte mindestens 8 bis 9 Wochen alt sein) umso unkomplizierter wird die Kontaktaufnahme tendenziell ablaufen. Aber auch da kann es vorgekommen, dass der Welpe oder Junghund nicht besonders viel Interesse an Menschen zeigt. Die Annäherung wird jedoch hier insgesamt schneller möglich sein.

Vorsichtiges Annähern, so klappt es

Achten Sie immer sowohl auf Ihre eigene Körperhaltung als auch auf die Ihres Hundes. Beugen Sie sich nicht nach vorn zum Hund hin oder gar über ihn, das ist in der Hundesprache eine dominante Geste und könnte ihm Angst machen. Wenn Ihr Hund sich duckt und seine Rute zwischen die Hinterbeine klemmt und sich zurückzieht, so ist er noch sehr ängstlich. Sorgen Sie stets für ausreichend Platz, damit er bei Bedarf ausweichen und sich zurückziehen kann.

Vorsichtige Kontaktaufnahme zu einem ängstlichen Hund.

Den Kontakt nicht erzwingen

Wenn Ihr Hund eine Hausleine trägt (Seite 32), so nutzen Sie diese bitte nicht, um den Hund daran festzuhalten und ihn zu streicheln. Binden Sie ihn daran auch nirgends fest. Sie dient nur dazu, um ihn ohne Körperkontakt von A nach B führen zu können.

Setzen Sie sich am besten mit etwas Abstand zu ihm auf den Boden. Damit machen Sie sich klein und erscheinen dem Hund weniger gefährlich. Blicken Sie ihm nicht in die Augen, auch das kann unhöflich oder gar herausfordernd für ihn sein. Drehen Sie sich am besten seitlich zu ihm und bleiben Sie ruhig sitzen, ohne zu reden.

Sehr oft siegt die Neugier beim Hund, und er wird sich Ihnen nähern. Bleiben Sie ruhig, auch wenn er kommt, um Sie zu inspizieren. Reichen Sie ihm langsam eine Hand, ohne sie zu weit zu erheben. Der Hund soll jede Ihrer Bewegungen verfolgen können.

Sie werden schnell merken, ob Sie ihn seitlich an seiner Hals- und Körperpartie berühren, also streicheln können. Beobachten Sie ihn unauffällig aus den Augenwinkeln heraus. Genießt er die Berührung? Dann können Sie die Streicheleinheiten etwas ausdehnen und dabei mit leisen und freundlichen Worten mit ihm reden. Er gewöhnt sich damit an Ihre Stimme.

Wenn Ihre Berührungen für ihn noch unangenehm sein sollten, dann lassen Sie ihm Zeit und versuchen im Moment nicht weiter, ihn zu berühren.

Ein Leckerchen kann helfen

Sie können Ihren Hund natürlich auch mit einem Leckerchen in Ihrer offenen Hand zu sich locken. Schnappt er sich das Leckerchen und zieht er sich gleich wieder zurück? Bleibt er in Ihrer Nähe stehen? Letzteres wäre natürlich schöner.

Wiederholen Sie die Leckerchengabe mehrfach, bis er sich ohne Scheu aus Ihrer Hand füttern lässt. Verringern Sie dann schrittweise die Abstände zwischen Ihrem Körper und der offenen Hand mit dem Leckerchen, bis Ihre Hand ganz an Ihrem Körper anliegt und Ihr Hund Ihnen damit automatisch nah kommt. Nun können Sie ihn wieder vorn an seiner Brust oder an seiner Seite streicheln. Ihr Hund kann seine gesamte Futterration aus Ihrer Hand erhalten.

Nicht zu viel auf einmal wollen

Unterbrechen Sie die Kontaktaufnahme nach Möglichkeit immer in einem für sie beide positiven Moment. Hat beispielsweise das erste vorsichtige Streicheln geklappt, gehen Sie wieder Ihrer Tätigkeit nach, ohne den Hund zu beachten. Ungünstig wäre die Auflösung der Interaktion in einem Moment, in dem der Hund sich aus Angst vor Ihnen zurückzieht.

Angst vor Geräuschen

Hat Ihr Tierschutzhund Angst vor Geräuschen der üblichen Haushaltsgeräte wie Staubsauger oder Kaffeemaschine? Helfen Sie ihm, seine Angst zu überwinden!

Viele Hunde haben oder entwickeln im Laufe ihres Lebens Angst vor bestimmten Geräuschen, nicht nur Tierschutzhunde. Bei Tierschutzhunden, die in ihrem Vorleben keinen menschlichen Haushalt kennengelernt haben, kommen die Geräusche von für sie unbekannten Haushaltsgeräten dazu.

Das Gehör von Hunden ist zudem sehr empfindlich, sodass sie alle Geräusche viel lauter wahrnehmen, als wir das tun. Dennoch können sich Hunde recht schnell an die zu Hause übliche Geräuschkulisse gewöhnen.

„Ach, dieses Ding schon wieder."

Ein kleiner Test

Testen Sie am besten erstmal die Reaktion Ihres Vierbeiners auf das Geräusch eines der üblichen Haushaltsgeräte aus, wenn er sich nicht in unmittelbarer Nähe befindet. Sie selbst sollten dabei Ihren Hund nicht auf eine besondere Situation aufmerksam machen. Beschäftigen Sie sich anderweitig, nur nicht mit dem Hund. Beobachten Sie im Augenwinkel, was er macht, wenn z. B. das Staubsauger-Geräusch ertönt. Die „unauffällige" Beobachtung ist wichtig, denn sobald Ihr Hund merkt, dass Sie dem Geräusch besondere Aufmerksamkeit schenken, so wird auch er genauestens darauf achten und vielleicht glauben, dass da tatsächlich eine Höllenmaschine losgeht, der man nicht trauen kann.

Die beste Reaktion Ihres Hundes auf den Test wäre keine Reaktion, dann können Sie Ihre Geräte auch in Gegenwart des Hundes laufen lassen. Vielleicht hört er aber im ersten Moment kurz auf, ist aber dann wieder gelassen. Das ist auch in Ordnung.

Wenn er stark beunruhigt ist, zeigt er womöglich Fluchtverhalten. Da er in Ihrer Wohnung nicht wirklich weg kann, wird er seine Rute zwischen seine Hinterbeine klemmen, sich ducken, ängstlich gucken und vermutlich aufgeregt hin und her laufen. Ihr Hund könnte jedoch auch auf Attacke setzen und die Höllenmaschine angreifen oder vertreiben wollen.

Erstmal managen …

Ihre Wohnung ist top sauber, deshalb können Sie in der sensiblen Eingewöhnungszeit Ihres Hundes bestimmt für einige Tage auf das Staubsaugen verzichten, stimmt's …? Danach hat sich Ihr Hund schon etwas eingelebt und reagiert vermutlich viel gelassener auf unbekannte Geräusche in Ihrem Haushalt. Wenn das Staubsaugen unbedingt sein muss, so kann dies vielleicht während der Abwesenheit Ihres Hundes durch ein anderes Familienmitglied erfolgen?

Mit Musik können so manche ungute Geräusche übertönt werden. Ein Versuch ist es wert, wenn Sie gleichzeitig möglichst viel Abstand zwischen Geräusch und Hund bringen. Vielleicht kann sich während der Reinigung ein anderes Familienmitglied mit Ihrem Hund im Nebenraum beschäftigen, sodass er nicht ausschließlich auf das ungeliebte Geräusch fixiert ist.

… dann gewöhnen

Variante 1:

- Trainieren Sie mit einem gut ausgelasteten Hund.
- Bringen Sie zwischen den Hund und das lärmende Gerät so viel Abstand, dass Ihr Hund keine panische Reaktion zeigt.
- Auch eine räumliche Trennung bei geschlossener Tür ist möglich.
- Verringern Sie schrittweise den Abstand zwischen Ihrem Hund und dem angstauslösenden Gerät.
- Wenn Sie sich für die Nebenraum-Variante entschieden haben, dann lassen Sie das Gerät zunächst mit geschlossener Tür laufen, immer mal wieder für kurze Zeit.
- Machen Sie das, bis Ihr Hund keine Reaktion mehr zeigt.

„So ein doofes Ding, weg damit!"

- Öffnen Sie nun unauffällig die Tür.
- Schenken Sie der gesamten Angelegenheit keine für den Hund wahrnehmbare Beachtung.

Variante 2:
Für Geräusche fast aller Art gibt es im Handel Geräusche-CDs, die zur Desensibilisierung von Hunden (Tieren) verwendet werden können. Damit können Sie Ihren Hund langsam und schrittweise an angstauslösende Geräusche gewöhnen:

- Die Eingangslautstärke beim Abspielen der CD sollte gerade so gewählt werden, dass Ihr Hund (noch) keine Reaktion zeigt.
- Stellen Sie sich eine Skala von 0 bis 20 vor, wobei 20 die lauteste Lautstärke und bei 0 absolut nichts zu hören ist.
- Wenn Ihr Hund bei 6 geringe Angstreaktionen zeigt, so stellen Sie den Regler auf 4 ein und lassen Sie die CD laufen.
- Bei dieser Einstellung sollte der Hund sich ganz normal verhalten, also nicht ängstlich reagieren.
- Am nächsten Tag machen Sie die Übung mit der Lautstärke 5, Ihr Hund sollte wiederum nicht reagieren.
- Steigern Sie nun die Lautstärke Schritt für Schritt.

- Wenn der Hund ängstlich reagiert, dann sind Sie zu schnell vorgegangen.
- Drehen Sie den Regler dann wieder um zwei Skalenpunkte zurück und wiederholen Sie die Übung, indem Sie nicht täglich die Lautstärke erhöhen, sondern nur jeden zweiten oder dritten Tag.

Ihr Hund bestimmt letztlich, wie schnell Sie vorgehen können. Je langsamer Sie das machen, umso schonender ist es für Ihren Hund.

Am Ball bleiben

Finden Sie durch Probieren die beste Strategie für Ihren Hund und für sich selbst in Ihrer Umgebung. Wenn Sie meinen, eine Vorgehensweise gefunden zu haben, dann bleiben Sie am Ball; geben Sie nicht zu schnell auf, weil Sie unterwegs am Erfolg zweifeln könnten.

Am Wichtigsten ist es, dass Ihr Hund durch sein Angstverhalten nicht erreicht, dass Sie zum einen ihm, und damit dem spezifischen Geräusch Aufmerksamkeit schenken, denn damit wäre das Geräusch etwas besonders Beängstigendes, und zum anderen das Geräusch infolge seiner Angstreaktion verschwindet. Letzteres würde eine Verstärkung der Angstreaktion nach sich ziehen, weil er immer wieder das Abschalten erreichen will.

Sie als die Bezugsperson bleiben bei jedem Geräusch cool. Wenn Frauchen/Herrchen cool bleibt, dann kann es ja eigentlich nicht zu schlimm sein.

Medikamente – nur mit Vorsicht!

Speziell für stark angstauslösende Geräusche, wie zu Silvester, empfiehlt sich zusätzlich zur Einhaltung aller Verhaltensempfehlungen, wenn es gar nicht anders geht, auf ein geeignetes Medikament zur Beruhigung zurückzugreifen. Lassen Sie sich von Ihrem Tierarzt beraten!

Ein mögliches rezeptpflichtiges Medikament ist Sileo. Sileo ist ein Gel, das mit Hilfe einer Spritze auf die Schleimhaut der Wangentasche im hinteren Teil des Maules ihres Hundes aufgetragen werden kann. Dies kann insgesamt maximal fünf Mal alle zwei bis drei Stunden geschehen. Der Wirkstoff in Sileo ist Dexmedetomidin. Das ist eine Substanz, die in höheren Dosen zur Sedierung und Anästhesie verwendet wird.

Gelegentlich wird von Tierärzten immer noch Acepromazin, ein Arzneistoff aus der Klasse der Phenothiazine, verschrieben. Das ist ein starkes Sedativum und Neuroleptikum. Es schränkt die Bewegung des Hundes ein. Nur die Muskeln des Hundes sind entspannt, doch sein Gehör ist unbeeinträchtigt. Der Hund legt sich hin, weil er zum Fliehen (das wäre die normale Reaktion) nicht mehr in der Lage ist. Der Besitzer glaubt nun, sein Hund wäre entspannt, doch genau das Gegenteil ist der Fall. Der Hund ist handlungsunfähig bei riesengroßer Angst. Das ist weit schlimmer für ihn, als wenn er gar kein Medikament bekäme.

Autofahren und Straßenverkehr sind nicht seins

In einem Auto mitzufahren oder im belebten Straßenverkehr spazieren zu gehen, haben viele Tierschutzhunde bisher nicht kennenlernen können. Doch das können Sie ändern!

Der Transport von Hunden, die nach dem Gesetz in Deutschland als Ladung gelten, ist in der Straßenverkehrsordnung gesetzlich geregelt. Der sichere Transport im Auto erfolgt entweder in einer Hundebox oder angeschnallt auf der Rückbank Ihres Autos.

Wie genau sieht die Angstreaktion Ihres Hundes aus? Um sein Problem besser verstehen zu können, empfiehlt es sich, wieder genauer auf seine Reaktionen zu achten: Will er nicht ins Auto einsteigen? Wird ihm beim Fahren vielleicht übel, und er muss sich übergeben? Ist er stark erregt und zeigt das durch Winseln und Hecheln an?

Nicht jeder Platz im Auto mag dieselbe Reaktion Ihres Hundes auslösen. Hunde, die im Kofferraum panisch reagieren, können sich auf der Rücksitzbank recht wohlfühlen, vielleicht auch umgekehrt.

Training: Autofahren ist toll!

Der Trainingsansatz besteht darin, Ihrem Hund in kleinen Schritten beizubringen, dass das Autofahren eine tolle Sache ist.

1. Etappe: Das Einsteigen ins Auto, der Motor ist aus. Motivieren Sie Ihren Hund, ins Auto zu steigen. Werfen Sie z. B. Leckerchen hinein. Je besser die Leckerchen und je hungriger der Hund, desto größer wird seine Motivation sein, die Leckerchen zu holen.

Wiederholen Sie das Ganze, bis das Einsteigen für Ihren Hund kein Problem mehr darstellt. Dieses Training kann sich über mehrere Tage hinziehen. Wenn Sie einen kleinen Hund haben, der nicht allein ins Auto einsteigt, so können Sie ihn auf den Arm nehmen und sich gemeinsam mit ihm ins Auto setzen. Sollte Ihr kleiner Hund sich nicht gern hochnehmen und tragen lassen, so benutzen Sie zum Einsteigen eine geeignete Rampe. Rampen als Einsteighilfen sind im Handel erhältlich. Sobald Ihr Hund – wie auch immer – ins Auto eingestiegen ist, bekommt er Futter oder Leckerchen und wird gestreichelt, wenn er das mag.

Wenn Sie Ihren Hund bereits an eine Hundebox gewöhnt haben, so können Sie diese gut einsetzen. Da Ihr Hund die Box schon kennt, wird er ohne Probleme hineingehen, und Sie können die Tür schließen. Bleiben Sie bei ihm, und lassen Sie ihn zeitnah mit viel Lob wieder heraus.

2. Etappe: Die Verweildauer im Auto wird schrittweise erhöht. Der Motor ist aus. Bleiben Sie bei dieser Übung bei Ihrem Hund im Auto.

3. Etappe: Ihr Hund ist im Auto, und Sie nehmen den Fahrersitz ein. Der Motor bleibt aus. Steigern Sie auch diese Zeitdauer in angemessenen Schritten.

Dieser Hund wird bei beruhigter Verkehrslage an den Straßenverkehr gewöhnt.

4. Etappe: Gewöhnung an das Motorengeräusch. Sie lassen den Motor an, ohne zu fahren. Machen Sie den Motor kurze Zeit später wieder aus. Lassen Sie den Motor etwas länger laufen.

5. Etappe: Eine kurze Ausfahrt. Sobald Schritt 4 gut geklappt hat, können Sie mit Ihrem Schützling eine kurze entspannte Autofahrt machen. Vermeiden Sie stark kurvenreiche Strecken. Fahren Sie zu einem nahe gelegenen Ort, an dem Sie mit ihm eine schöne Unternehmung machen. Fahren Sie wieder heim und beenden Sie das Training erneut mit einer schönen Aktivität für Ihren Hund.

Training: Straßenverkehr ist ok

Ihr Hund soll lernen, dass Straßenverkehr für ihn nicht gefährlich ist. Starten Sie mit einem Spaziergang in relativ großer Entfernung zum Stadtverkehr. Vielleicht suchen Sie sich ein relativ ruhiges Industriegebiet zum Üben aus. Ein Spaziergang an einem Sonntag ist hervorragend, denn da ist es in diesem Gebiet aller Wahrscheinlichkeit nach ruhig. Laufen Sie ganz in Ruhe durch die Straßen. Sobald Sie die Runde gut gemeistert haben, geht es wieder heim.

Der nächste Spaziergang könnte Sie in dasselbe Gebiet an einem Wochentag führen, wo etwas mehr Betrieb herrscht. Machen Sie ruhig dieselbe Sonntagsrunde nochmal. Sobald Sie bemerken, dass Ihr Hund entspannt neben Ihnen läuft, können Sie ihn ruhig loben. Wenn Ihr Hund die Situation gut meistert, können Sie nach und nach belebtere Gegenden und Straßen aufsuchen.

Angst überwinden

Angst zu überwinden, braucht Zeit und immer wieder die dosierte Konfrontation mit der angstauslösenden Situation, durch die Sie Ihren Hund souverän führen. Der Rest ist Gewöhnung und das Sammeln positiver Erfahrungen.

Seien Sie souverän, aber achtsam

So wichtig ist Ihr Verhalten bei der Therapie: Sobald Sie aus übertriebener Fürsorge zu vorsichtig an angstauslösende Situationen herangehen, so legt Ihr Hund das als Unsicherheit aus und verhält sich entsprechend. Es kommt einmal mehr auf einen gelungenen Spagat zwischen vorsichtigem Herangehen an die angstauslösende Situation an, die den Hund nicht überfordert, und selbstsicheres und souveränes Durchgehen durch die entsprechende Situation. Dabei vermitteln Sie Ihrem Hund: So schlimm ist es ja gar nicht. Das ist nicht immer ganz leicht. Wenn Sie zu große Sorge haben, dann lassen Sie sich von einem ausgebildeten Hundetrainer vor Ort helfen.

Schauen Sie während der Spaziergänge nicht die ganze Zeit auf Ihren Hund, sondern laufen Sie Ihren Weg. Ihr Hund ist sicher angeleint und sollte sich selbst in einer Schrecksekunde nicht aus seinem Geschirr befreien können. Am besten Sie gehen zu zweit und unterhalten sich über ein spannendes Thema, dann sind Sie gut beschäftigt und nicht zu stark auf den Hund fixiert.

Alleine bleiben klappt gar nicht

Hunde sind generell nicht gern von ihrem Rudel getrennt. Dafür gibt es zwei unterschiedliche Gründe. Doch wenn Sie Ihren Hund schrittweise an das Alleinsein gewöhnen, klappt es auch.

Hunde verhalten sich erfahrungsbedingt unterschiedlich. Außerdem hat auch das neue Familienleben Ihres Hundes und Ihr Umgang mit ihm großen Einfluss auf sein Verhalten. Labile B-Typen, wie Melancholiker und Choleriker, mögen empfindlicher reagieren als die stabilen B-Typen, wie Phlegmatiker und Sanguiniker. Hunde, die in ihrer Vergangenheit das Alleinsein gewöhnt waren, kommen besser klar, als andere, für die das Alleinsein nie ein Thema war.

Der Leidensdruck der allein gelassenen Hunde kommt entweder durch Trennungsangst zustande oder durch Kontrollverlust. Tierschutzhunde, die schon mal ein Zuhause verloren haben, sind besorgt, einen solchen Verlust noch einmal erleben zu müssen.

Trennungsangst oder Kontrollverlust?

Trennungsangst erkennen Sie daran, dass der Hund an sich nichts aus Frust zerstört. Er mag an der Tür kratzen, weil er Ihnen folgen will. Das macht natürlich auch Schaden, doch er würde nicht die Wohnung zerlegen, wie das bei einem Hund mit Kontrollverlust der Fall sein kann. Es kann auch passieren, dass Ihr Hund bei Trennungsangst wieder unsauber wird, obwohl er in der Eingewöhnungsphase bereits top sauber war. Sobald Sie nach Hause kommen, werden Sie durch Ihren leidenden Hund mit Unterwerfungsgesten ganz überschwänglich begrüßt.

Ein Hund, der mit dem Kontrollverlust bei Ihrer Abwesenheit nicht klar kommt, ist sehr gefrustet, wenn Sie ihn allein lassen. Seine Wut lässt er gern an Gegenständen Ihrer Wohnungseinrichtung aus. Er begrüßt Sie beim Wiederkommen recht stürmisch und springt an Ihnen hoch. Er drückt damit nicht seine Liebe zu Ihnen, sondern seinen Protest aus, weil er so lange allein bleiben musste.

Tipp

Kennzeichnen Sie Ihr Weggehen durch ein Signal. Sie können z.B. einen Schal übers Geländer (Türklinke) hängen. Das brauchen Sie nicht zu kommentieren oder zu üben. Der Hund begreift das mit der Zeit von allein und weiß dann: „Aha, jetzt geht Frauchen/Herrchen weg, jetzt kann ich mich gleich verziehen und brauche auf nichts zu warten“. Entfernen Sie das Signal beim Wiederkommen.

Stufenweise trainieren

Lassen Sie Ihren Hund gleich nach seinem Einzug in sein neues Zuhause sobald als möglich immer wieder für wenige Augenblicke allein (Seite 41 f.). Schenken Sie ihm im Alltag zu Hause nie permanent Aufmerksamkeit und beachten ihn phasenweise gar nicht.

„Hilfe, wo seid ihr hin? Ich fühle mich allein, kommt wieder zu mir zurück!“

Tipp

Sie können das Training unterstützen, indem Sie Ihren Hund vor den Übungen gut auslasten. Ein ausgedehnter Spaziergang eventuell mit integrierten Übungen unterstützt sein Entspannungsbedürfnis bei Ihrer Abwesenheit. Dadurch vergeht die Zeit des Alleinseins gefühlt schneller.

Wenn er entspannt auf seinem Hundebett ruht, so verlassen Sie kurz den Raum und kommen Sie nach wenigen Minuten gleich wieder zurück, ohne Aufsehen zu machen. Das soll ganz normal sein. Dehnen Sie dann die Zeiten Ihrer Abwesenheit im Haus schrittweise aus, immer so, dass Ihr Hund gerade keine Reaktion zeigt. Der Trainingsansatz ist also in dieser Hinsicht ähnlich dem zur Gewöhnung an Geräusche (Seite 129 f.).

Wenn Sie eine Skala von 0 bis 20 anlegen würden, um darauf die Zeitdauer Ihrer Abwesenheit zu dokumentieren, und Sie würden wissen, dass Ihr Hund bei fünf Angst oder Frust zeigt, dann bleiben Sie zum Training zunächst bei drei. Bei drei sollte er noch komplett entspannt sein, wenn nicht, dann starten sie mit zwei. 20 auf ihrer imaginären Skala könnte die maximale Zeitdauer des Alleinseins Ihres Hundes repräsentieren.

Starten Sie also mit zwei oder drei auf der Skala und verlassen Sie für diese Zeit den Raum, indem sich Ihr Hund befindet. Zeigen Sie ihm das nicht an und vermeiden Sie jedes Abschiedszeremoniell. Genauso unauffällig, wie Sie den Raum verlassen haben, so kommen Sie auch wieder. Wiederholen Sie das mehrfach. Wenn das schon gut läuft, dann ist es an der Zeit, die Wohnung kurzzeitig zu verlassen. Probieren Sie dafür gern ein Weggehsignal.

Verlassen Sie nun die Wohnung. Nehmen Sie wie in einer realen Situation Mantel, Schlüsselbund und Tasche – was auch immer – mit und gehen Sie kurz vor die Tür. Schließen Sie die Tür ganz normal ab. Kommen Sie gleich wieder zurück, noch bevor Ihr Hund richtig realisiert hat, was sich da abspielt. Entfernen Sie das Weggehsignal wieder.

Dehnen Sie die Zeitdauer Ihrer Abwesenheit schrittweise aus. Dafür brauchen Sie auf jeden Fall mehrere Tage.

Wenn Sie nach einigen Stunden der Abwesenheit wieder zu Hause eintreffen, so begrüßen Sie Ihren Hund freundlich, aber doch mit viel Ruhe. Sollte sich Ihr Hund während des Begrüßungszeremoniells stark aufschaukeln und wilder werden, so stoppen Sie die Interaktion, bis er wieder ruhiger wird. Streicheln Sie ihn dann erneut.

Besonders ängstliche Hunde, die unter der Trennung von Frauchen/Herrchen sehr leiden, können auch von kleinen, natürlichen Helferchen (z. B. Adaptil, Seite 125) profitieren.

Aggressivem Verhalten begegnen

Mögliche Ursachen im Überblick

Hundederbheiten und Attacken auf Familienmitglieder sind unerwünscht. Finden Sie unbedingt die Ursache für dieses Verhalten heraus, dann fällt Ihnen die Korrektur leichter.

Wenn Ihr Hund ein Familienmitglied zwickt oder gar beißt, so ist das ein sehr ernstes Problem. Völlig unabhängig wie der Vorfall zustande gekommen ist, können Sie ihn nicht auf sich beruhen lassen. Da die Ursachen sehr vielgestaltig sein können, ist eine gründliche Analyse der Begleitumstände und der Motivation Ihres Hundes sehr wichtig, um richtig und damit erfolgreich korrigieren zu können.

Begleitumstände analysieren

Stellen Sie sich folgende Fragen: Wie alt ist der Hund? Bei welcher Gelegenheit ist das Schnappen passiert? Wie lange lebt Ihr Hund schon bei Ihnen? Befindet sich der Hund noch in der Eingewöhnungsphase? Könnte es sein, dass sein Stresslevel generell (noch) sehr hoch ist? Ist Ihr Kind betroffen? Wie alt ist dieses Kind? Werden die Geschwister auch attackiert? War Ihr Kind nah beim Hund und hat diesen gar bedrängt? Ist der Hund hinter dem Kind hergelaufen und hat in die Beine zwicken wollen? Oder ist vielleicht Ihr Kind hinter dem Hund her gerannt? Gab es solche Vorfälle schon häufiger und bei welchen Gelegenheiten? Ist Ihr Hund artgerecht ausgelastet?

Mögliche Gründe für aggressives Verhalten Ihres Hundes, Beispiele und Maßnahmen zur Korrektur.

Beispiele	zwicken, schnappen, beißen **Warum?**	Maßnahmen
Welpe beißt in Hand, die unliebsames Halsband anlegen will	**Protest**	Halsband positiv verknüpfen, Korrektur
Welpe wird grob während des Spielens	**Spiel**	Spiel unterbrechen, Hund kurzfristig ignorieren
Hund erleidet Schmerzen	**Eigenverteidigung**	verantwortungsbewusster Umgang mit dem Hund
kritische Distanz wird unterschritten	**Ausweglosigkeit**	Raum geben, nicht in die Enge treiben oder festhalten
Hund bekommt nicht was er gerade anstrebt	**Frust**	Verhaltenstraining zur Frustrationstoleranz
Hund hütet Familienmitglieder (Fersenbiss)	**Hütetrieb**	Korrektur und artgerechte Auslastung
Hund jagt rennenden Kindern hinterher und schnappt	**Jagdtrieb**	Korrektur und artgerechte Auslastung
Verteidigung von Ressourcen	**Machtprobe**	Mensch verwaltet Ressourcen, Begrenzungen, Training
Zu viele/anspruchsvolle Aktivitäten pro Zeiteinheit	**Überforderung**	Ruhezeiten einhalten, Übungen zur Impulskontrolle

Unerfahren, ungeduldig, überfordert?

Besonders junge Hunde schlagen gern mal über die Stränge. Es ist gut, wenn Sie bereits anfängliche Grobheiten unverzüglich in eine geeignete Bahn lenken.

Halsband: nein danke

Obwohl bei Tierschutzhunden ein Panikgeschirr anstelle eines Halsbandes empfohlen wird, kann es Situationen geben, in denen Sie zu einem Halsband greifen müssen oder vielleicht wollen. Wenn Ihr Welpe oder Junghund wenig Halsbanderfahrung hat und dieses nicht um seinen Hals haben mag, so könnte er sich an den Händen „rächen" wollen, die ihm das Halsband anlegen wollen. Wenn Sie aufgrund seines Zwickens zurückschrecken (vielleicht sogar mehrmals), so hat er schon eine neue Lernerfahrung gemacht, die sie nicht beabsichtigt haben: „Zwicken lohnt sich, ich bin die Hände mit dem Halsband los geworden."

Tipp

Wenn Ihr Hund mit dem Rücken zu Ihnen sitzt oder steht, dann können Sie ihm das Halsband von hinten anlegen. Er kann dabei Ihre Hände kaum erreichen. Legen Sie ihm das Halsband an mehreren Tage während der Fütterung an, sodass er das Halsband positiv mit dem Futter verknüpfen kann.

Halsband: So begegnen Sie dem Protest

1. Variante: Langsame Gewöhnung. Sie machen ihm das Halsband schmackhaft. Das kann ähnlich dem Maulkorbtraining ablaufen (Seite 88 ff.). Sie können das Halsband z. B. mit etwas Wohl-Duftendem einreiben. Legen Sie es z. B. über Nacht in eine Tüte mit einem Stück getrockneten Pansen. Halten Sie ihm das Halsband vor seine Nase. Wenn er das brav aushält, gibt es ein Leckerchen. Wiederholen Sie das mehrfach. Deuten Sie dann mit beiden Händen an, das Halsband um seinen Hals legen zu wollen. Es gibt ein Leckerchen.

Gehen Sie insgesamt langsam vor. Belohnen Sie jeden kleinen Schritt mit einem Leckerchen, wenn er sich das gefallen lässt. Wiederholen Sie die Übung, bis Sie das Halsband hinter seinem Kopf schließen können. Machen Sie es gleich wieder ab, solange er ruhig ist. Belohnen Sie ihn und gleich nochmal, bis das Halsband geduldet wird.

2. Variante: Protest durch Kommando stoppen. Sie korrigieren Ihren Hund mit einem strengen *Nein* im Moment des Zwickens (Seite 97 ff.). Bleiben Sie dabei ruhig, aber bestimmt! Loben Sie ihn, wenn er von Ihren Händen ablässt.

Grobes Zwicken beim Spielen

Welpengeschwister lernen im gemeinsamen Spiel, wie fest Sie den anderen zwicken können, ohne dass er verletzt wird. Sobald ein Welpe von seinem Geschwisterwelpen zu hart angepackt wird, quiekt er und der „Beißer" hört auf.

Wenn Ihr Welpe Ihnen gegenüber zu ungestüm ist und zu hart zupackt, so können Sie wie folgt vorgehen: Sie können ähnlich hoch fiepen wie ein Welpe, der zu hart angepackt wurde. Vielleicht wird ihm dadurch bewusst, zu grob gewesen zu sein, und erhält sich zurück. Wenn er nicht von Ihnen ablässt, dann drehen Sie sich weg und entziehen ihm so Ihre Aufmerksamkeit. Sollte das noch immer nicht reichen, dann können Sie auch kurz (für ca. drei Minuten) den Raum verlassen.

Sobald Sie zu Ihrem Hund zurückkehren, können Sie erneut mit ihm spielen. Wenn er jetzt vorsichtiger ist, dann loben Sie ihn ganz ruhig.

Vorsicht Falle beim Spieltraining

Wenn er bei Ihrem Fiep-Geräusch von Ihnen ablässt und Sie ihn sofort danach belohnen, erlernt er womöglich eine lohnende Handlungskette: Ich beiße fest zu, Mensch fiept, ich lasse los, Leckerchen kommt. Also würde es sich lohnen, immer wieder fest zuzubeißen, um am Ende der Kette zum Lohn zu kommen. Loben Sie also erst dann sein Verhalten, wenn er vorsichtig mit Ihnen spielt. Ein Leckerchen ist dabei übrigens nicht nötig, denn das Spiel selbst ist die Belohnung.

Überforderung durch Stress

Hunde im Dauerstress sind permanent überfordert und haben konstant ein erhöhtes Erregungsniveau. Es spielt dabei keine Rolle, wie der Stress ausgelöst wurde oder was bzw. wer für den Stress verantwortlich ist. Stress kann auch durch Unterforderung entstehen. Stress führt den Hund in Konfliktsituationen, in denen er sich nicht entscheiden kann, wie er da wieder rauskommt. In solchen Situationen kommt es oft zu Übersprunghandlungen.

Überschreitet der Stresspegel die Reizschwelle eines Hundes, kann er aggressiv reagieren. Wenn sich eine Aggression anbahnt, zeigt der Hund folgende Signale:

- Seine Atmung wird schneller.
- Sein Körper spannt sich an.
- Er bewegt sich kaum und scheint zu erstarren.
- Sein Blick wird starr mit aufgerissenen Augen und richtet sich auf einen bestimmten Punkt.
- Der Hund zeigt keine Regung.

Wenn jetzt der Stresspegel unbewusst noch erhöht wird, und Sie sich ihm vielleicht noch nähern, um ihn beruhigen zu wollen, dann „platzt“ er und beißt zu.

Spiel mit Kindern beobachten

Ein Spiel zwischen einem Welpen und einem Kind kann sich ungewollt hochschrauben, wenn der Hund noch keine Grenzen gelernt hat. In so einer Situation müssen die Eltern eingreifen und das Spiel sofort unterbrechen.

„Siehst du, so schlimm ist ein Halsband doch gar nicht. Unser Training hat sich gelohnt.“

Überforderung erkennen und abschaffen

Überdenken Sie am besten die Alltagsaktivitäten Ihres Hundes: Hat Ihr Hund seine nötigen Ruhephasen von etwa 16 bis 18 Stunden pro Tag, unterbrochen von Beschäftigungsphasen? Ist er in seinen Ruhephasen vielleicht einem erhöhten Lärmpegel und damit permanenten Störungen ausgesetzt? Hat Ihr Hund klar strukturierte Tagesabläufe, also Routineabläufe, die sich täglich ähnlich abspielen (Gassi-Gehzeiten, Fütterungszeiten etc.)? Bestimmen klare Regeln und Grenzen seinen Alltag, die von jedem erwachsenen Familienmitglied in gleicher Weise kontrolliert und eingefordert werden? Ist Ihr Hund ausreichend und angemessen körperlich und mental beschäftigt? Hat Ihr Hund ausreichend Sozialkontakt? Ist er in Ihrem Familienrudel gut integriert oder wird er hin und wieder „ausgesperrt“? Hat er Kontakt zu anderen Hunden?

Je nach Einschätzung der Alltagssituationen finden Sie bestimmt den einen oder anderen Hebel zur Verbesserung. Bitten Sie vielleicht auch andere hundeerfahrene Freunde und Bekannte um ihre Einschätzung, denn oft ist man selbst betriebsblind. Und ziehen Sie zeitnah einen Hundetrainer zurate, wenn Sie nicht weiterkommen.

Gefrustet oder triebgesteuert

Wenn Hunde ihren Frust nicht kontrollieren können oder pflichtbewusst ihren ererbten Hüte- oder Jagdtrieb an Familienmitglieder ausleben wollen, so besteht Handlungsbedarf.

Frust: nicht zu unterschätzen

Nehmen wir an, Sie gehen mit Ihrem Hund spazieren, kommen auf einem schmalen Weg an einem Garten vorbei, in dem einer der Erzfeinde Ihres Hundes wartet, um Sie und Ihren Hund zu vertreiben. Ihr Hund stimmt seinerseits seine Belltirade an und versucht, den Gartenhund durch den Zaun zu attackieren. Da Sie befürchten, die Hunde könnten sich trotz Zaun gegenseitig erwischen, laufen Sie zwischen Ihrem Hund und dem Zaun, hinter dem der Erzfeind Ihres Hundes lautstark protestiert. Plötzlich schnappt Ihr eigener Hund nach Ihrem Bein.

Was ist passiert? Ihr Hund konnte seinen Erzfeind hinter dem Gartenzaun nicht erreichen. Sein Frust über die Unerreichbarkeit wächst. Da für ihn Ihre Beine im Weg waren, um an den Hund heranzukommen, macht er Ihre Beine dafür verantwortlich, dass er seinen Aggressionswunsch nicht ausleben durfte. Er lenkt seine Wut auf Ihre Beine um und schnappt zu. Die Situation wird noch kritischer, wenn Sie vielleicht körperlich eingreifen (müssen), um Ihren schweren Hund vom Zaun wegschieben zu wollen. Sollten Sie dann aufgrund Ihrer eigenen Erregung noch ungehalten vorgehen, so sieht sich Ihr Hund vielleicht gleich zwei „Querulanten“ gegenüber.

Frust: Übersprungreaktion zwischen Hunden

Wenn zwei oder mehrere Hunde das Bewachen des Territoriums sehr ernst nehmen, so sind Sie bei jedem Passanten gefrustet. Sie versuchen, jeden vermeintlichen Eindringling – egal ob zwei- oder vierbeinig – aggressiv zu verbellen. Noch lieber würden Sie die Passanten direkt attackieren. Glücklicherweise hält der Gartenzaun sie davon ab. Da die erregten Hunde ihr eigentliches Ziel nicht erreichen können, steigert sich ihre Frustration nicht nur gegenüber den vermeintlichen Eindringlingen, sondern auch gegen den gefrusteten „Mitbeller“. Was bildet sich der andere ein, schließlich bin ich es doch, der hier das Sagen hat? Nicht selten fallen dann die Bellkonkurrenten mehr oder weniger ernsthaft übereinander her und attackieren sich gegenseitig. Es kommt also aufgrund des aufgestauten Frustes zur Übersprungreaktion.

Frustrationstoleranz verbessern

Situationen, die man eigentlich nicht mag (z. B. ein Wunsch wird nicht erfüllt), für eine gewisse Zeit geduldig aushalten zu können, beschreibt das Ziel für Übungen zu mehr Frustrationstoleranz.

Diese Übungen sind dem Training zu mehr Impulskontrolle ganz ähnlich (Seite 114 ff.), denn bei beiden Begriffen geht es letztlich darum, ruhiger, gelassener und beherrschter in aufregenden Situationen zu werden. Sie finden dazu auch sehr gute Hinweise und Videos von Online-Hundeschulen in den Quellen auf Seite 186.

Hier kann sich eine Streiterei um die Frisbee-Scheibe anbahnen.

Hüte- und Jagdhundtriebe kennen

Vielleicht hat Ihr Hund Hüte- oder Jagdhundgene oder ist sogar ein reinrassiger Hüte- oder Jagdhund. Hütehund-Rassen sind z. B. Border Collie, Australian Shepherd, Collies, Deutscher Schäferhund, Briard, Bobtail oder Kuvasz. Zu den Jagdhundrassen gehören z. B. Beagle, Dackel, Dobermann, Deutscher Boxer, Weimaraner, Rhodesian Ridgeback, Greyhound oder Podenco Ibicenco.

Der Job der Hütehunde ist das Zusammenhalten einzelner Herdenmitglieder wie Schafe. Sobald sich die Schafe zu weit voneinander entfernen, treibt der Hund die Tiere wieder näher zusammen. Das geht nicht besonders freundlich zu. Die Schafe werden mehr oder weniger grob in die Beine gezwickt, damit sie Folge leisten. Um dem Schmerz von vornherein zu umgehen, weichen die Schafe dem Hund schon vorsorglich aus. Die geschickten Hunde gestatten das Ausweichen nur in diejenige Richtung, die die einzelnen Herdenmitglieder näher zueinander treibt.

Jagdhunde wurden für verschiedene Jagdziele gezüchtet, beispielsweise um Beutetiere zu jagen und zu stellen oder sie nach dem Schuss zu apportieren. Jäger auf Sicht erfassen jede Bewegung ihres Beutetieres, was sie zugleich anstachelt, ihm hinterherzujagen. Jagdhunde könnten sich besonders mit Kindern zu einem Jagdspiel eingeladen fühlen, in dem sie den rennenden Kindern hinterherlaufen, um sie zu fangen. Auch das kann sich hochschaukeln, sehr grob und sogar gefährlich werden

Familie wird nicht gehütet oder gejagt

Wenn Sie beobachten, dass Ihr Hund Familienmitglieder in die Fersen zwickt, so ist das ein typisches Verhalten eines Hütehundes. Das ist nicht lustig und muss immer sofort korrigiert werden. Stoppen Sie Ihren Hund, indem Sie ihn mit einem klaren Signal von den attackierten Familienmitgliedern wegbringen. Distanz zwischen Ihrem Hund und dem attackierten Familienmitglied stellen Sie beispielsweise über Ihre körperliche Präsenz her, in dem Sie sich zwischen Hund und „Schaf" stellen. Ihre Rückenpartie ist dem „Schaf" zugewandt, und Sie schauen in Richtung Ihres Hundes, den Sie mit Ihrem ausgestreckten Arm und einem scharfen Verbot wegschicken. Das ist in den meisten Fällen erfolgreich, sofern Sie in ähnlichen Situationen immer konsequent und in gleicher Weise reagieren.

Wenn Sie jedoch damit nicht zum Erfolg kommen sollten, so unterbinden Sie den Sozialkontakt zu Ihnen, in dem Sie Ihren Hund im Moment der Attacke in einen Nebenraum führen und dort eine Weile (einige Minuten) lassen. Bleiben Sie ruhig dabei. Reden ist überflüssig. Holen Sie ihn nach ein paar Minuten genauso wortlos wieder zu sich.

Bei Jagdhunden unterlassen Sie besser das Werfen von Bällen, denen Ihr Hund hinterherrennt. Das stachelt sein Jagdverhalten an. Eine angemessene körperliche Auslastung erreichen Sie z. B. durch Agility, Apportiertraining und andere Aktivitäten.

Angstaggression bei Tierschutzhunden

Angsterfüllte Hunde brauchen besonders viel Verständnis und einen einfühlsamen Umgang. Bei allem Verständnis dürfen Sie jedoch nie Ihre eigene Sicherheit aus den Augen lassen!

Hunde aus dem Tierschutz bringen oft Angsterfahrungen mit, sodass für sie die kritische Schwelle bis zur ihrer Reaktion auf vermeintlich gefährliche Situationen niedriger ist als bei anderen Hunden. Sie müssen erst Vertrauen aufbauen und dadurch lernen, dass von Ihnen keine Gefahr ausgeht und dass es in Ihrem Haushalt keine für sie lebensbedrohlichen Situationen mehr gibt.

Aggression wegen Ausweglosigkeit oder Eigenverteidigung

Es gibt etliche Situationen, in denen besonders Tierschutzhunde glauben, sich nur durch Aggression wehren zu können. Dabei ist nicht entscheidend, ob die jeweilige Situation für den Hund wirklich gefährlich ist oder nur durch seine Fehlinterpretation der Lage zustande kommt. Solche Situationen können sein:

„Oh nein, lass mich in Ruhe,
ich brauche mehr Abstand!“

- Räumliche Rückzugsmöglichkeit ist versperrt
- Ruppiges und unbeherrschtes Vorgehen des Halters aufgrund seiner eigenen Überforderung bei fehlender Fluchtmöglichkeit (z. B. an der Leine)
- Menschliche Handhabung bedrohlicher Gegenstände, die mit Negativerfahrungen assoziiert sind
- Festgehaltenwerden
- Zufügen von Schmerzen

Oft kommt eine geglaubte Gefahrenlage durch die Unsicherheit des Hundes, (noch) mangelndem Vertrauen zum Halter und Missverständnisse in der Kommunikation zustande. Die Schwelle für das Losbrechen einer Aggression durch Abwehrschnappen oder gar Beißen ist abhängig vom Persönlichkeitstyp des Hundes und seinen Erfahrungen. Beispielsweise könnten unsichere Melancholiker eine „Gefahr“ zunächst durch lautstarkes Bellen vertreiben wollen. Bei zunehmendem Druck würden sie vermutlich auch Zuschnappen, um sich zur Wehr zu setzen.

Bei Gefahr überschlagen sich verschiedene Motivationen im Hund – Angst bedeutet auch immer Stress und Überforderung. Das Ziel des Hundes ist es, einen Ausweg für seine missliche Lage zu finden. Wenn sich Ihr Hund in einer ausweglosen Situation glaubt, weil er der Gefahr oder Bedrängung räumlich nicht ausweichen kann, so könnte er seine Strategie von der beabsichtigten Flucht zum Angriff wechseln (Seite 124 ff.).

Lieber auf Nummer sicher gehen

Wenn Sie oder Ihr Tierarzt Ihrem Hund untersuchungs- oder behandlungsbedingt Schmerzen zufügen müssen, so könnte Ihr Hund auf Gegenwehr setzen, um sich aus der misslichen Lage zu befreien. Stellen Sie sich vor, Sie müssen eine Zecke bei Ihrem Hund entfernen, die an einer ungünstigen Körperpartie sitzt. Um die Zecke gut greifen zu können, müssen Sie vermutlich Ihren Hund etwas festhalten. Das mag er schon mal gar nicht und dann könnte es auch noch ziepen. Er weiß natürlich nicht, dass nach der kurzen Zecken-Aktion für ihn die Unannehmlichkeiten vorbei sind, und glaubt, er sei in Gefahr, in der er reagieren muss.

Je größer das Vertrauen zwischen Ihnen ist, umso geduldiger wird er die Prozedur über sich ergehen lassen, weil er mit Ihnen nur gute Erfahrungen gemacht hat. Er vertraut darauf, dass Sie ihm nichts Böses wollen.

Beim Tierarzt ist alles noch ein Zahn schärfer. Die Umgebung ist neu und der Tierarzt womöglich auch noch. Dann wird es auch noch komisch für ihn riechen, da geht Ihr Hund vermutlich schon automatisch in die „Hab-Acht-Stellung“, bevor der Tierarzt überhaupt etwas gemacht hat.

Für Ihren ängstlichen Hund empfiehlt sich in den beschriebenen und ähnlichen Situationen das Tragen eines Maulkorbes (Seite 88 ff.).

Kinder schützen und anleiten

Hunde können normalerweise zwischen Kindern und Erwachsenen unterscheiden. Das kann Vor- und Nachteile haben. Es gibt Hunde, die gestatten Kindern aus Hundesicht viele „Frechheiten“. Die Situation mit Tierschutzhunden ist hier allerdings speziell. Abgesehen vom Persönlichkeitstyp des Hundes müssen eventuelle schlechte Erfahrungen des Hundes mit Kindern berücksichtigt werden.

Hunde sind kein Spielzeug!

Ab einem bestimmten Alter können Sie Ihrem Kind die Bedürfnisse eines Hundes gut erklären.

Als Hundebesitzer und Eltern von Kindern kommt Ihnen eine besondere Verantwortung in doppelter Hinsicht zu. Es geht um die Sicherheit Ihres Kindes, aber auch um die Ihres Hundes! Wenn Ihr Hund – aus welchen Gründen auch immer – Ihr Kind verletzen sollte, so ist dieser Hund „gebrandmarkt“. Selbst wenn er situationsbedingt keinen anderen Ausweg sah, als zuzuschnappen, und er aus Hundesicht völlig nachvollziehbar gehandelt haben sollte, so ist ein Vorfall, gerade mit einem Kind, anhängig und unumkehrbar für ihn. Sie selbst würden ihn kaum behalten wollen und für erneute Tierschutzvermittlungen hätte er ganz schlechte Karten. Nehmen Sie deshalb alle Interaktionen zwischen Ihrem Kind und Ihrem Hund besonders ernst. Das gilt übrigens für alle Hunde in Ihrem Haushalt, egal welcher Herkunft.

Natürlich will Ihr Kind (jedes Alter) gerne Ihren Hund streicheln, das darf es auch, allerdings übernehmen Sie dabei die Führung. Sie sind gemeinsam mit Ihrem Kind beim Hund und zeigen, wie und an welcher Körperregion gestreichelt wird. Erklären Sie Ihrem Kind auch, dass man nie am Fell ziepen und nicht am Schwanz ziehen darf usw.

Tipp

Bedenken Sie bitte, kleine Kinder dürfen nie unbeaufsichtigt mit Ihrem Hund allein bleiben. Das ist keine Sicherheitsmaßnahme speziell für Tierschutzhunde, sondern gilt für alle Hunde.

Wenn Ihr Kind sensibel genug ist, um Hundebedürfnisse zu verstehen und auch zu respektieren (auch in Ihrer Abwesenheit), so ist ein kurzes Alleinsein mit dem Hund, sofern dieser kein generelles Problem mit Kindern hat, sicher möglich. Damit ist ein Aufenthalt innerhalb Ihres Hauses oder auf Ihrem Grundstück gemeint. Ein Spaziergang außerhalb der Wohnung ist nochmal eine andere Situation.

Ist Ihr Kind noch klein, oder wenn gar mehrere kleine Kinder zu Hause rumwuseln, so ergreifen Sie zur Sicherheit immer dann, wenn sie nicht 100%ig aufmerksam auf Hund und Kind sein können, Managementmaßnahmen, indem Sie Kind und Hund räumlich voneinander trennen.

Die räumliche Separierung von Kind und Hund darf niemals so erfolgen, dass der Hund immer weggesperrt wird, sobald das Kind den Raum betritt. Wenn das mehrfach passiert, so verknüpft Ihr Hund das Ausgesperrtsein mit der Anwesenheit des Kindes. Ausgesperrtsein ist eine Separierung vom Rudel und damit eine harte Strafe. Wenn aus der Sicht des Hundes Ihr Kind dafür verantwortlich ist, so wird dies zum Frust auf das Kind führen. Ihr Hund sollte eher lernen: „Immer wenn das Kind kommt, dann geht es mir besonders gut. Ich bekomme Aufmerksamkeit und werde gelobt.“ Ein scheinbares Dilemma, das Sie nur durch geschicktes Management lösen können. Ein Laufgitter für ein kleines Kind, Absperrgitter etc. mögen helfen, sodass Sie sich alle in einem Raum befinden und sowohl Ihrem Kind als auch dem Hund gerecht werden können.

Auf die Signale des Hundes achten

Versuchen Sie nie, ein Knurren Ihres Hundes zu unterbinden. Mit dem Knurren drückt Ihr Hund seine Emotion aus. Wenn er dies aufgrund Ihrer Korrektur möglicherweise tatsächlich unterlässt, dann wird er bei Fortbestehen der für ihn kritisch geglaubten Situation ohne zu knurren in die nächste Eskalationsstufe gehen und womöglich sofort zuschnappen.

Verlassen Sie sich auch nicht darauf, dass Ihr Hund in Konfliktsituationen erst ein paar Mal knurrt, bevor es ernst wird. Knurren und Zähnefletschen vor einem bevorstehenden Drohangriff machen längst nicht alle Hunde. Hunde kommunizieren unterschiedlich, sie können ganz kurze Signale aussenden. Wenn diese Signale von den Menschen übersehen oder immer noch nicht verstanden werden, und die Hunde aus ihrer Sicht eventuell sogar weiter bedrängt werden, dann könnten sie sich zur Wehr setzen. Relativ harmlos wäre ein kurzer Schnapper, aber auch der kann schon zu einer Verletzung führen.

Dieses Mädchen geht respektvoll mit ihrem Hund um.

Aggression im Rangordnungsverhalten

Überschätzt sich womöglich Ihr Hund und hat Ansprüche, die ihm nicht zustehen? Machen Sie ihm zu seinem eigenen Vorteil klar, dass Sie Regie führen.

Im Hunderudel gibt es eine soziale Rangordnung. Das Streiten um eine möglichst hohe Rangposition ist ein normales Verhalten, das bereits Hundewelpen im Spiel zeigen. Ranghöhere Tiere haben mehr Rechte als rangniedere, aber auch mehr Pflichten.

Im Familienverband gibt es ebenfalls verschiedene Positionen, die mit unterschiedlichen Rechten und Pflichten verbunden sind. Kinder entscheiden beispielsweise nicht über die Familienkasse, das ist Sache der Eltern. Würden Sie es doch tun, wäre vermutlich ein

Lassen Sie sich zu Ihrem eigenen Schutz nie auf einen Zweikampf mit einem aggressiv gestimmten Hund ein.

Tipp

Sollte sich Ihr Hund drohend vor Ihnen aufbauen, um „seinen“ Platz oder Durchgang zu behaupten, so dokumentieren Sie in diesem Moment Desinteresse an dieser Ressource. Vergrößern Sie kommentarlos den Abstand zum Hund und tun Sie beschäftigt mit anderen Dingen. Damit gehen Sie einem eventuellen Zweikampf aus dem Weg. Die Therapie muss in unkritischen Situationen beginnen.

Chaos vorprogrammiert. Eltern haben wiederum dafür zu sorgen, dass alle Familienmitglieder auch am Monatsende noch Lebensmittel auf dem Tisch haben.

Hunde müssen im Familienverband ebenfalls eine Rangposition haben oder zugewiesen bekommen. Auf dieser Position haben Hunde gewisse Rechte und Pflichten, doch niemals die Entscheidungsgewalt für die Verteilung wichtiger Ressourcen wie z. B. wer ins Haus und aufs Grundstück darf.

Ressourcen: Alles gehört mir

Hunde sind je nach Persönlichkeitstyp (Seite 64 ff.) unterschiedlich karrierebewusst und auch ihre Hartnäckigkeit beim Verteidigen „ihrer“ Ressourcen ist unterschiedlich. Nicht jede Verteidigung einer bestimmten Ressource ist zugleich verknüpft mit dem Bestreben einen hohen Rang einnehmen zu wollen, manchmal ist es auch nur der Wille, gerade in diesem Moment diese oder jene Ressource behalten zu wollen. Ein Hund, der seinen Kauknochen dem spielenden und zerrenden Kind nicht übergeben will, hat nur seinen Kauknochen im Blick, nicht aber die Rangordnung. Der Hund protestiert quasi. Hier können die Motivationen auch verschwimmen. Dennoch kann sich das Protestpotenzial Ihres Hundes zur Machtprobe ausweiten.

Spielsachen werden von Hunden ebenfalls als Ressourcen betrachtet. Hunde, insbesondere heranwachsende (pubertierende) Hunde, die ständig uneingeschränkten Zugriff auf ihre Spielsachen haben, halten sich für Ressourcenbesitzer und glauben schnell, dadurch Vorrechte zu haben. Wenn Sie dagegen „Ihre“ Spielsachen zu Ihrem Hund zum Spiel mitbringen, sind Sie der Super-Boss. Genauso wie Sie die Spielsachen mitbringen, nehmen Sie sie auch wieder mit, wenn Sie das Spiel beenden.

Ihr Hund will bestimmen

Wenn Ihr Hund allerdings immer häufiger auf sein geglaubtes Recht besteht und Ihnen gar den einen oder anderen Weg oder Platz im Haus verweigert, dann sollten Sie ihn zu seinem und Ihrem Schutz und zu seinem eigenen Wohlbefinden von seinem hohen Ross herunterholen. Sie müssen (wieder) die Führung übernehmen. Sie sind der Überlegene und zeigen ihm das mit ruhiger Bestimmtheit und Souveränität.

Was Sie tun können

- Als Erstes lassen Sie am besten alle eventuell herumliegenden Spielsachen in einem Versteck, zu dem nur Sie Zutritt haben, verschwinden. Sie sind ab sofort der alleinige Ressourcenverwalter.
- Achten Sie darauf, dass **Sie** jeden Sozialkontakt beginnen.
- Dosieren Sie die Aufmerksamkeit, die Sie Ihrem Hund schenken.
- Ignorieren Sie Ihren Hund, wenn er Streicheleinheiten einfordern will. Schenken Sie ihm stattdessen liebevolles Streicheln für Aktivitäten, die Ihnen gefallen.
- Beschäftigen Sie Ihren Hund artgerecht. Vermeiden Sie Zerrspiele, weil diese von Ihrem Hund als direktes Kräfte-oder Stärkemessen gewertet werden können. In der spielerischen Beschäftigung haben **Sie** die Regie. Sie beginnen und beenden jedes Spiel.
- Futter, Kauknochen usw. stehen nie zur freien Verfügung. Überdenken Sie, Futter nur für „gute Taten" freizugeben, also für gute Kooperation im täglichen Training.
- Flechten Sie auch gern Dressurelemente in Ihre Erziehung mit ein. Wenn das Kommando erteilt wird, so achten Sie konsequent auf seine Umsetzung.
- Hinsichtlich der Dressurelemente sollten Sie ein angemessenes Maß einhalten! Es darf nicht zum „Gängeln" des Hundes kommen, indem immer und immer wieder irgendwelcher Gehorsam gefordert wird. Vielmehr sollten Sie seinen Kooperationswillen fördern.
- Definieren Sie in Ihrer Wohnung Tabuzonen, also z. B. einen Raum (oder ein bestimmtes Areal), den nur Sie und weitere Familienmitglieder betreten dürfen, nicht aber Ihr Hund. Das Bad eignet sich meist dafür. Der entsprechende Raum sollte im Hundealltag nicht genutzt werden. Es wäre kontraproduktiv, wenn Sie Ihren Hund in diesem Raum z. B. füttern, baden oder zeitweise parken, aber zu anderen Zeiten als Tabuzone erklären. Das würde Ihren Hund verwirren.
- Wenn es keine Tür zur Tabuzone gibt, dann helfen Sie Ihrem Hund mit einer Markierung des entsprechenden Tabubereiches. Sobald Ihr Hund die Tabuzone betritt, wird er konsequent herausgeführt, bis er verstanden hat, was Sie von ihm erwarten. Kontrollieren Sie die Position des Liegeplatzes Ihres Hundes. Wählen Sie eine Stelle aus, auf der er nicht alles überblicken und damit überwachen kann. Erhöhte Liegeplätze sind (vorerst) tabu.

Tipp

In den Interaktionen (Spiel und Dressur) mit Ihrem Hund sollten Sie stets agieren während Ihr Hund reagiert. Jedes Kommando, das Ihr Hund für Sie ausführt, bringt Pluspunkte für Sie. Jedes Kommando, das er verweigert, stärkt seine Position.

„Das ist mein Platz! Hat hier jemand etwas falsch verstanden?"

Besitzanspruch auf Ihren Ruheplatz

Schöne und erhöhte Liegeplätze sind viel wert. Ihr Hund kann durchaus auf die Idee kommen, dieses Privileg für sich allein beanspruchen zu wollen. Das geht aber nicht!

Gemeinsames Kuscheln oder Kontaktliegen stärkt das Zusammengehörigkeitsgefühl. Geschwisterwelpen und auch erwachsene Tiere eines Rudels liegen oft und gern zusammengekuschelt auf ihrem Liegeplatz, ganz besonders wenn es kalt ist. Da auch Zweibeiner als Rudelmitglieder angesehen werden, ist es nicht ungewöhnlich, wenn Hunde gerne Seite an Seite mit Ihren Menschen oder auch dem zweibeinigen Rudelchef liegen. Demzufolge ist nachvollziehbar, wenn Menschen ihre Hunde zum Ausklang des Tages mit auf ihre Couch nehmen und auch in ihr Bett. Sofern es für den Hund selbstverständlich ist, dass auch seine Menschen die Couch oder das Bett benutzen, und er bei Aufforderung das Feld räumt, ist aus der Sicht seines Verhaltens alles in Ordnung.

Bekanntlich hat aber jedes Ding seine zwei Seiten, so auch das Couch/Bett-Kuscheln. Bedenken Sie bitte, Ihr Hund stromert täglich draußen herum, auch bei schlechtem Wetter. Er schnüffelt hier und schnüffelt da und kann auch mal Kontakt zu anderen Hunden mit unbekanntem Gesundheitsstatus haben. Dabei kann er sich schnell Parasiten wie Zecken auflesen oder auch Wurmeier, Schmutz sowieso.

Will Ihr Hund Ihr Bett für sich allein?

Sollte Ihr Hund Sie in Ihrem Bemühen, ihn vom Bett zu holen, anknurren, so sagt er Ihnen: „Stopp, nicht weiter, sonst könnte ich zubeißen. Ich will den Platz jetzt haben, schwirr ab!" Hier ist Vorsicht angesagt! Dieses Verhalten ähnelt sehr dem Verhalten, das in dem Kapitel Machtprobe auf Seite 150 beschrieben wurde. Der Therapieansatz ist deshalb entsprechend.

Je nach genauer Situation (Gewichtsklasse Ihres Hundes und sein Erregungsniveau sowie Ihre eigene Beherztheit) können Sie ihm von diesem Platz verweisen. Besonders couragierte Menschen ziehen z. B. blitzschnell das Kissen hervor, auf dem der Hund liegt, verbinden das mit einem strengen *Ab* oder *Nein* o. ä. Davon können manche Hunde so sehr irritiert sein, dass sie sich geschlagen geben und das Bett verlassen. Machen Sie das aber nur, wenn Sie sich sicher sind, unbeschadet zum Ziel zu kommen. Bedenken Sie, das Recht, was Ihr Hund zu haben glaubt, ist ein Symptom. Er hat einiges in den falschen Hals bekommen und zwar vorher, bei ganz anderen Gelegenheiten. Achten Sie im Umgang mit Ihrem Hund auf klare Regeln, die keinen Zweifel darüber lassen, wer in Ihrem Haus die Ressourcen verwaltet.

Um bei aggressivem Verhalten Ihres Hundes im Zusammenhang mit Ihrem Bett als Liegeplatz zunächst auf Nummer sicher zu gehen, können Sie den Raum zu verlassen und zwar so, als hätten Sie nichts Anderes vorgehabt. Irgendwann, spätestens zur nächsten Fütterung wird Ihr Hund das Bett verlassen. Nutzen Sie diese Gelegenheit, schließen Sie von nun an die Tür zum Schlafzimmer, um den Zutritt zu unterbinden (Management). Überdenken Sie den Vorschlag, Ihrem Hund im Haus vorübergehend eine Hausleine anzulegen (Seite 32). Damit können Sie ihn zukünftig, wenn nötig, von Orten wegführen, an denen er nichts zu suchen hat.

Machen Sie dies stets souverän und ganz in Ruhe. Sobald er von seinem Vorhaben, ins Bett zu springen, ablässt und sich auf sein Bett legt, können Sie ihn mit ruhiger Stimme loben.

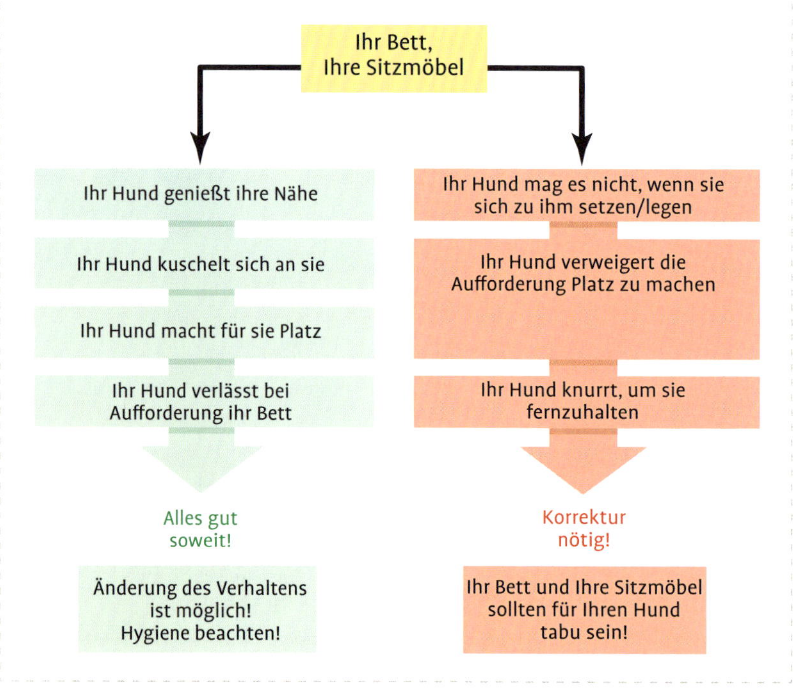

Vor- und Nachteile, wenn Sie mit Ihrem Hund Ihr Bett und Ihre Sitzmöbel teilen.

Nach erfolgreich absolviertem Training wird der Besuch freundlich begrüßt.

Besucherfeindlich gestimmt?

Familienmitglieder und Ihre Wohnung oder das Grundstück könnte Ihr Hund als seine Ressourcen betrachten, die er verteidigen muss. Nehmen Sie ihm die Last ab!

Ist Ihr Hund der erste, der beim Klingeln an der Tür ist und Besucher begrüßt oder aggressiv verbellen will? Die Ankündigung von Besuch und das Wachen und Bewachen von Haus und Grundstück sind Verhaltensweisen, die vom Hund erwünscht waren und manchmal auch noch sind. Einen Ankömmling anzukündigen ist ok, doch dann sollte der Hund seinem Zweibeiner die Regie überlassen.

Bevor Sie in der beschriebenen Situation irgendwelche Maßnahmen ergreifen, ist es empfehlenswert, zwei Aspekte zu überdenken (siehe auch Seite 138 ff.).

Motivation und Erregungszustand erkennen

Läuft er schwanzwedelnd zur Tür mit lockerer Körperhaltung, um den Besuch als Erster zu begrüßen? Ist er im Körper beweglich und springt womöglich vor Freude hin und her? Oder macht er Ihnen gegenüber Meldung und betrachtet dann seinen Job als beendet? Vielleicht ist er auch etwas unsicher und erwartet von Ihnen weitere Instruktionen?

Zeigt er sich deutlich aggressiv? Das erkennen Sie an einer steifen Körperhaltung. Der Vorderkörper ist etwas nach vorn gebeugt, und er versucht größer auszusehen, als er in Wirklichkeit ist. Die Aggressivität richtet sich gegen den vermeintlichen Eindringling. Ihr Hund kann dabei defensiv oder offensiv aggressiv sein.

Hunde können bei allen Verhaltensvarianten unterschiedlich stark erregt sein. Der Grad der Erregung ist abhängig vom Persönlichkeitstyp, aber auch von einer möglichen Ritualisierung der Besuchssituation, falls diese schon über Wochen besteht.

Das ideale Trainingsziel beim Ertönen der Klingel besteht darin, dass Ihr Hund entspannt auf seinem Ruheplatz liegen bleibt oder sich problemlos dorthin schicken lässt, bis Sie ihm erlauben, Kontakt zum Besuch aufzunehmen.

Verhalten beim Klingeln trainieren

Am besten ist es, wenn Sie mit Ihrem Hund als Erstes trainieren, dass es sich lohnt, beim Klingeln den Ruheplatz aufzusuchen oder dort liegenzubleiben. Das erreichen Sie so:

Sie spannen Ihr Kind oder Ihren Partner zum Training mit ein. Schicken Sie Ihren Hund auf seinen Ruheplatz und positionieren Sie sich davor. Lassen Sie jemanden klingeln. Sollte Ihr Hund aufspringen wollen, so weisen Sie ihn an, liegenzubleiben. Falls er zu schnell aufgesprungen ist, so schicken Sie ihn auf den Ruheplatz zurück, wenn möglich. Falls Schicken nicht funktioniert, führen Sie ihn mit der Hausleine auf seinen Platz zurück und weisen ihn an, dort zu bleiben. Nach einer Weile bekommt er für sein ruhiges Bleiben ein Leckerchen. Es klingelt wieder. Sie bringen Ihren Hund wieder auf seinen Ruheplatz zurück und warten, bis er ruhiger wird. Jetzt gibt es verbales Lob. Wiederholen Sie das Klingeln, bis er dabei, ohne aufzustehen, auf seinem Platz bleibt. Dafür bekommt er jedes Mal ein Leckerchen. Dann darf er wieder aufstehen.

Wiederholen Sie die Übung immer mal wieder. Ihr Hund lernt, dass mit dem Klingelton nichts Besonderes passiert. Achten Sie übrigens darauf, dass Sie beim Klingeln nie

Was zeigt der Hund?

Ein defensiv aggressiver Hund öffnet sein Maul weit, um alle Zähne zu zeigen, was besonders bedrohlich wirken soll. In Wirklichkeit ist der Hund ängstlich und überfordert. Trotzdem würde er sein Revier verteidigen. Ein offensiv aggressiver Hund präsentiert nur seine vorderen Zähne. Beide Varianten sind gefährlich.

Wie Sie eine aggressive Besuchersituation in Abhängigkeit des Erregungsniveaus Ihres Hundes meistern können.

Motivation	Geringe bis mittelstarke Erregung Ihres Hundes	Mittlere bis hohe Erregung Ihres Hundes
Freundliches Willkommen	*Ihr Hund ist nach dem Ertönen der Klingel zwar als Erster an der Tür, doch Sie können ihn problemlos zurückrufen. Er folgt und hält sich zurück, bis der Besuch in der Wohnung Platz genommen hat. Oder Sie stellen sich zwischen Tür und Hund (Rücken zur Tür, Blickrichtung ins Wohnungsinnere). Sie weisen mit gestrecktem Arm in Richtung Wohnung und geben ein klares Signal, damit er sich in die Wohnung zurückzieht, was er auch tut.*	*Ihr Hund ist stark erregt und kann in so einer Stresssituation kein Kommando mehr befolgen. Er lässt sich deshalb verbal nicht wegschicken. Sie führen ihn an der Hausleine auf seinen Platz und fixieren ihn dort, bis er sich beruhigt hat. Der Besuch kommt herein und nimmt Platz. Sobald sich Ihr Hund beruhigt hat, darf er den Besuch begrüßen. Ihr Besuch ist informiert, den Hund nur dann zu beachten, wenn er sich ruhig verhält.*
Aggressives Abwehrenwollen	*Sie stellen sich zwischen Ihren Hund und die Tür mit dem Rücken zur Tür und weisen Ihren Hund mit ruhiger Stimme an, auf seine Decke bzw. in seine Box zu gehen. Nehmen Sie bei Bedarf die Hausleine zu Hilfe. Sie fixieren ihn dort bzw. verschließen die Box, bis er sich beruhigt hat. Der Besuch wird hereingelassen und nimmt Platz. Sofern Ihr Hund entspannt ist, kann die Fixierung gelöst bzw. die Box geöffnet werden, sodass er nun Kontakt zum Besuch aufnehmen kann. Benutzen Sie für die Fixierung das vorinstallierte Equipment am Liegeplatz, aber nicht die Hausleine.*	*Führen Sie Ihren Hund wie oben beschrieben an der Hausleine zu seiner Decke und leinen Sie ihn dort an. Der Besuch wird hereingebeten und nimmt Platz. Sie statten ihn mit einem Maulkorb aus und beobachten sein Verhalten dem Besuch gegenüber. Ihr Besuch kann den sich ruhig verhaltenden Hund ansprechen und loben. Sobald sich Ihr Besuch in der Wohnung frei bewegen kann, ohne dass der Hund unruhig oder nervös erscheint, ist das Training gelungen. Das Training sollte mit mehreren Besuchern wiederholt werden, bis der Hund sich nach dem Ertönen der Klingel problemlos auf seinen Platz schicken lässt und keinerlei Aggressivität mehr zeigt. Dann ist natürlich auch der Maulkorb überflüssig.*

hektisch aufstehen, um nachzuschauen, wer kommt, denn Stimmungen, besonders Erregung, übertragen sich (Seite 77 ff.).

Wenn Ihr Hund sehr erregt und eventuell aggressiv auf Besucher reagiert, so führen Sie das Training am besten mit eingewiesenen Besucherstatisten durch. Ihre Maßnahmen sollten sich sowohl der Motivation als auch dem Erregungsgrad Ihres Hundes anpassen.

Zwei- und vierbeinige Passanten werden angemotzt

Auch Tierschutzhunde sind nicht vor Leinenaggression gefeit. Kann das auch durch das Vorleben kommen? Wann genau Sie während einer Begegnung korrigieren können, erfahren Sie hier.

Wenn Ihr Hund auf dem Spaziergang andere Passanten attackieren will, so kann das an seinen schlechten Erfahrungen mit Menschen liegen. Es kann aber auch sein, dass er glaubt, Sie als seine wichtige Ressource oder „sein" Territorium verteidigen zu müssen.

Ihre eigene Einstellung bei Begegnungen, bei denen Sie nicht genau wissen, wie Sie ablaufen werden, kann ebenfalls das Problem verursachen oder verstärken. Aufgrund der negativen Erwartung, die Sie möglicherweise vor einer Begegnung haben, ändern Sie Ihre Körpersprache und Ihr Körper produziert automatisch Stresshormone. Ihr Hund nimmt das wahr, missinterpretiert das Ganze als Schwäche und will Ihnen helfen, den Angstauslöser zu vertreiben. Keine Sorge, da kommen Sie wieder raus. Wenn Sie es nicht allein schaffen, so können Sie sich professionelle Hilfe holen.

Warum das nicht geht

Unabhängig von der Motivation Ihres Hundes ist sein Verhalten auf jeden Fall korrekturbedürftig. Ihr Hund muss lernen, dass

- er in Ihrer Nähe sicher ist und keinen weder zwei- noch vierbeinigen Passanten zu fürchten hat,
- Sie nicht wünschen, dass er Passanten anmotzt,
- Passanten nicht gefährlich sind und
- Sie in jedem Fall die Kontrolle haben, und er nicht auf Sie aufpassen muss.

Auf jeden Fall sollten Sie, solange das Problem besteht, einen genügend großen Abstand zu einem nahenden Passanten wählen, sodass Ihr Hund keine Chance hat, ihn erreichen zu können.

Das Anleinequipment Ihres Hundes muss seiner Gewichtsklasse angemessen sein. Er darf sich nicht daraus befreien können, und es muss auch einem starken Zug standhalten. Sie müssen ihn gut handeln können, sodass er Sie nie zum Gegenüber hinzerren kann. Wenn seine aggressive Stimmung sehr stark ist, sollte Ihr Hund einen Maulkorb tragen.

Der Abstand ist entscheidend ...

Nehmen wir an, Sie begegnen mit Ihrem angeleinten Hund einem Passanten (mit oder ohne Hund) auf den Ihr Hund, sobald er nah genug heran käme, aggressiv reagieren würde.

Kleiner Mann ganz groß. Oft steckt Angst hinter der Aggression an der Leine.

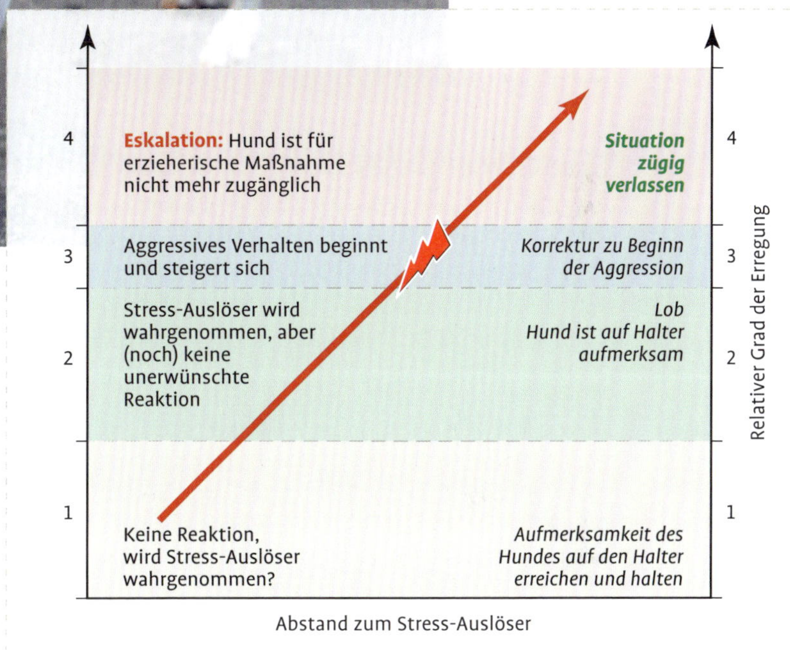

Wie eine aggressive Begegnungssituation auf einem Spaziergang abläuft und wann Sie die Chance zur Korrektur haben.

Phase 1: Der Abstand ist noch so groß, dass Ihr Hund nicht reagiert. Entweder er nimmt den Stressauslöser noch gar nicht wahr, oder er ist ihm aufgrund der Entfernung noch ziemlich egal, vielleicht weil er sich selbst oder Sie nicht bedroht fühlt. Letzteres ist wahrscheinlicher. Wenn dieser Abstand im Verlauf der Begegnung nicht unterschritten werden muss, gibt es keine Probleme. Sie können Ihren Hund für sein ruhiges Verhalten loben.

Phase 2: Der Abstand zum Passanten ist geringer als unter Phase 1 beschrieben und Ihr Hund nimmt ihn deutlich wahr, reagiert aber noch nicht aggressiv. Er bleibt in seiner Körperhaltung noch locker. Wenn Sie diesen Abstand im Laufe der gesamten Begegnung beibehalten können, haben Sie die ideale Situation, in der Sie Ihren Hund für sein ruhiges Verhalten loben können. Sobald Sie vorbei sind, kann er sogar ein Leckerchen haben. Er lernt bei häufigerer Wiederholung, dass es bei ruhigem Verhalten während der Begegnung eine Belohnung gibt. Super, wenn ein Passant kommt!

Der spezifische Abstand, bei dem Ihr Hund trotz Wahrnehmung seines Gegenübers ruhig vorbeigeführt werden kann, kann nicht in Metern angegeben werden, denn der Grad der Erregung Ihres Hundes korreliert direkt mit der Intensität seines aggressiven Verhaltens und beides verhält sich umgekehrt proportional zur Distanz zum Stressauslöser. Der Grad der Erregung wird auch vom Gegenüber bestimmt, also wer Ihnen entgegenkommt. Je größer die Aufregung, umso größer sollte der Abstand sein, um ohne Anfeindungen vorbeizukommen.

Phase 3: Aggressives Verhalten. Mit geringer werdendem Abstand zum Passanten wird die Erregung Ihres Hundes steigen. Beim Unterschreiten der kritischen Distanz würde Ihr Hund aggressiv sein Gegenüber attackieren wollen. Bleiben Sie ruhig und selbstsicher, auch wenn Sie keinen gewünscht großen Abstand zum Passanten einhalten können. Ihr Hund läuft auf der dem Passanten abgewandten Seite neben Ihnen mit kurzer Leine.

… und Ihr Timing

Kurz **vor** dem Losbrechen des aggressiven Verhaltens, und zwar genau in diesem Moment, können Sie Ihren Hund erfolgreich in seiner beabsichtigten Anfeindung dem Passanten gegenüber stoppen. Der rote Pfeil in der Abbildung auf Seite 157 markiert einen spezifischen Abstand zum Stressauslöser, kurz bevor der Hund sich aggressiv verhält.

So können Sie in Phase 3 korrigieren: Nehmen Sie die Leine Ihres Hundes kurz. Wenn Ihr Hund zum Gegenüber ziehen will, so kann er dadurch Ihren Weg nicht kreuzen. Ganz kurz vor seinem aggressiven Ausbruch haben Sie die Möglichkeit, sich mit Ihrem Körper zum Hund einzudrehen und damit mit guter Körperpräsenz Ihren Hund von seinem Ziel abzuhalten. Sie können sein Nach-vorn-Preschen-Wollen mit einem scharfen *Eh* oder Zischlaut koppeln. Das erfordert etwas Übung und vor allem gutes Timing.

Dies ist eine effektive Maßnahme, um Ihrem Hund begreiflich zu machen, dass Sie nicht mögen, was er vorhat, und dass Sie die Dinge regeln, die zu regeln sind. Bei erfolgreicher Korrektur wird Ihr Hund ruhiger. Er reduziert das Anmotzen-Wollen und wird Ihnen in dieser Situation die Führung überlassen. Das entspannt ihn. Ähnliche Begegnungssituationen müssen häufiger trainiert werden, bis Ihr Hund seine Leinenaggression komplett unterlässt. Halten Sie durch!

Tipp

Zwei Fixierpunkte der Leine an Ihrem Hund sind oft sehr hilfreich für das Handeln schwerer Hunde (z.B. Geschirr und Halsband, Geschirr und Kopfhalfter bzw. Halsband und Kopfhalfter). Günstig für die Kraftübertragung zu Ihren Gunsten ist die Nutzung eines Frontringes am Geschirr.

Jetzt hilft nur noch: zügig vorbei

Phase 4 bei erfolgloser Korrektur: Eskalation. Wenn Sie den günstigen Moment der möglichen Korrektur verpassen oder unvorbereitet in so eine Begegnungssituation geraten, dann befinden Sie sich schnell in der Eskalationssituation. Hier haben Sie keine Chance, auf das negative Verhalten Ihres Hundes Einfluss zu nehmen. Er sprintet los in Richtung Passant, und Sie hängen hinten dran und sind bemüht ihn festzuhalten, damit er den Passanten nicht erreicht.

In diesem Eskalationsstadium hilft nur eins: kommentarlos und zügig weitergehen.

Konzentrieren Sie sich in einer solchen Situation darauf, zügig vorbeizukommen und Ihren Hund aus der Situation herauszuführen. Reden Sie nicht mit Ihrem Hund, auch Schimpfen ist kontraproduktiv. In Stresssituationen mit großer Erregung finden Sie keinen Zugang zu Ihrem Hund, denn er kann unter Stress nichts lernen und kein Kommando befolgen.

Bringen Sie deshalb Ihren Hund wieder in eine Situation, in der er sich entspannen kann, und runter fährt.

Statisten können beim Üben helfen

Vielleicht haben Sie viele nette Bekannte, die bereit sind, mit Ihnen und Ihrem Hund zu üben. Starten Sie mit einem möglichst großen Abstand, bei dem keine Aggression zu erwarten ist und Sie Ihren Hund loben können. Verringern Sie schrittweise die Abstände. Solange Ihr Hund ruhig bleibt, können Sie auch gern mal auf der gleichen Höhe der Begegnung anhalten und sich mit dem „Passanten" unterhalten. Üben Sie vor allem bei Tageslicht und nicht in der Dämmerung, weil diese die Wachsamkeit oder Abwehrbereitschaft Ihres Hundes noch verstärken kann. Ihr Hund wird natürlich die Helfer schnell kennenlernen und sich an sie gewöhnen. Das bedeutet, dass Sie diesen Trainingserfolg nicht automatisch auf fremde Menschen und Hunde übertragen können. Trotzdem wird das Kennenlernen von immer mehr Menschen (und Hunden) seine Scheu ihnen gegenüber abbauen helfen. Außerdem lernt er, wie Sie sich sein Verhalten wünschen, worauf Sie bestehen und was sich schließlich für ihn lohnt.

Wenn es nicht klappt

Sind Sie enttäuscht und verzweifelt, weil Sie das Gefühl haben, dass Sie mit Ihrem Tierschutzhund nicht klar kommen? Was können Sie nun tun?

Dieses Buch soll Ihnen auch Schuldgefühle nehmen, wenn einfach nichts funktioniert. Das kann Gründe haben, die Sie nicht in der Hand haben oder denen Sie nicht gewachsen sind.

Es kann leider zwingende Umstände geben, denen Sie Rechnung tragen müssen. Das können Veränderungen in Ihrem privaten Umfeld sein, die zum Zeitpunkt der Adoption nicht vorhersehbar waren und die zu einer wirklichen Notlage führen.

Eine andere Notlage kann sich aus einer Überforderung mit Ihrem Hund ergeben. Ihr Hund mag Verhaltensweisen zeigen, denen Sie nicht (mehr) gewachsen sind. Möglicherweise lässt sich der Persönlichkeitstyp Ihres Hundes so gar nicht mit Ihrem eigenen und Ihren häuslichen Gegebenheiten in Deckung bringen. In so einem Fall ist viel Stress im Haus vorprogrammiert. Vieles können Sie lernen und professionelle Hilfe von einem Trainer kann Sie dabei unterstützen, doch Wunder kann auch ein Trainer nicht vollbringen.

Ein anderer Grund für Ihre Überforderung kann durch eine fehlende oder schlechte Sozialisierung Ihres Hundes auf Menschen und Umweltreize in der entscheidenden Prägezeit zustande kommen, die nie komplett nachgeholt werden kann. Oft sind irreparable Verhaltensauffälligkeiten die Folge, die Sie überfordern könnten.

Vielleicht sind Sie aber auch verzweifelt über die scheinbar unüberbrückbaren Ängste Ihres Hundes. Vielleicht bekommen Sie ihn nicht zur Ruhe? Vielleicht reagiert er immer wieder aggressiv?

So hatten Sie sich das alles nicht vorgestellt. Nun sind Sie vermutlich an einem Punkt angekommen, an dem nicht nur Ihr Hund, sondern vor allem Sie selbst Hilfe brauchen.

Ein Beispiel

Ich erinnere mich in diesem Zusammenhang an meine beiden früheren Tierschutzhunde, die nicht miteinander klar kamen: ein Mittelschnauzer-Mix-Rüde und ein Podenco-Mix. Die gesamte Familie hat unter dieser Situation sehr gelitten. Trainerhilfe wurde reichlich in Anspruch genommen, blieb aber leider erfolglos. Wir haben schließlich beide Hunde in einem Haushalt stets getrennt gehalten, versorgt und beschäftigt. Glücklicherweise war meine Familie zum damaligen Zeitpunkt groß und fit genug, das durchzuhalten. Empfehlen kann ich eine solche Situation jedoch nicht!

Wie dringlich ist es?

Die Dringlichkeit der benötigten Lösung richtet sich nach dem eigentlichen Problem mit Ihrem Hund. Wenn sich Ihr Hund nicht gut benimmt und Sie ständig nervt, dann nehmen Sie Hilfe durch einen erfahrenen Hundetrainer in Anspruch. Hier besteht Hoffnung.

Wenn Sie dagegen um Leib und Leben fürchten, weil die Aggressionen Ihres Hundes sich gegen Sie und Ihre Familie richten, so ist sofort Handlungsbedarf da. Akute Situationen entwickeln sich nicht von heute auf morgen. Hoffentlich konnten Sie kritische Signale frühzeitig erkennen und umgehend einen geeigneten Hundetrainer

Hier ist jemand sehr gefrustet und unglücklich. Wenn ein harmonischen Miteinander auf Dauer fehlt, können Mensch und Hund nicht zueinander finden.

engagieren. Er kann Ihnen gegebenenfalls bei der Therapie Ihres Hundes helfen. Auch der verantwortungsbewusste Tierschutz wird Sie mit Ihrem Problem nicht im Regen stehen lassen.

Wenn Sie jedoch – aus welchen Gründen auch immer – nicht rechtzeitig professionelle Hilfe parat haben, so sorgen Sie im akuten Fall durch Managementmaßnahmen sofort dafür, dass für die Übergangszeit bis zur Lösungsfindung und Therapie Ihre Kinder von Ihrem Hund räumlich komplett separiert sind. Sie selbst sollten sich auch schützen, indem Sie besonders bewusst auf die Körpersprache Ihres Hundes und Ihre eigene achten, Ruhe bewahren, langsame Bewegungen machen, räumliche Sicherheitsdistanzen großzügig einhalten und Konfrontationen aus dem Weg gehen (siehe auch Seite 148 ff.).

Wägen Sie die Konsequenzen sorgsam ab

Vielleicht haben Sie jedoch schon längst die Entscheidung getroffen, dass Ihr Hund nicht bei Ihnen bleiben darf. Einen Hund wieder an den Tierschutz zurückzugeben, sollte wirklich der allerletzte Ausweg sein. Diese Entscheidung sollten Sie nicht vorschnell und vor allem nicht allein treffen. Nehmen Sie professionelle Beratung in Anspruch. Ein erfahrener und gut ausgebildeter Hundetrainer wird sowohl Ihren Hund und sein Verhalten als auch Sie, Ihr Verhalten und Ihre Lebensumstände in seiner Einschätzung der Situation berücksichtigen. Eins ist klar: Sie sind wie Sie sind und Ihr Hund ist es auch. Änderungen im eigenen Verhalten und Änderungen durch Therapiemaßnahmen sind immer nur in einem gewissen Rahmen möglich. Wenn die Chemie zwischen Ihnen und Ihrem Hund nicht halbwegs in Deckung gebracht werden kann, so wird auch ein Hundetrainer die Empfehlung für eine Trennung geben. Für Sie persönlich ist die Trainerempfehlung sehr wichtig, weil Sie sich damit spätere Selbstvorwürfe ersparen können.

FIRST AID

Zur Gesundheit Ihres Tierschutzhundes

Sogenannte Reisekrankheiten

Welche Krankheiten werden als Reisekrankheiten bezeichnet? Wie gefährlich sind sie für Ihren Hund und für Sie? Welche Sicherheitsmaßnahmen können Sie ergreifen?

Diese Tabelle gibt eine Übersicht über sogenannte typische Reisekrankheiten von Hunden, deren Symptome und weitere wichtige Parameter. Außerdem ist berücksichtigt, inwieweit auch Menschen die jeweilige Erkrankung bekommen können. Viele Krankheitserreger sind mittlerweile durch die Klimaerwärmung und durch das veränderte Reiseverhalten der Menschen auch in Deutschland heimisch, sodass der Begriff „Reisekrankheit“ eigentlich nicht mehr gerechtfertigt ist.

Übersicht über sogenannte Reisekrankheiten

(entsprechend der Tierhalter-Information des ESCCAP 2018, Quelle Seite 184)

Reisekrankheit	Mögliche Symptome	Erreger	Überträger	Übertragbarkeit auf den Menschen	Verbreitung im europäischen Raum	Empfohlene Testung
Babesiose*	*Abgeschlagenheit, Schwäche, Abmagerung, Fieber, dunkler Urin, gelbe Schleimhäute*	*Babesienstämme*	*Bestimmte Zeckenarten*	*Ja, durch Zeckenbiss, keine Hund-Mensch-Übertragung*	*Mitteleuropa, ursprünglich nur im Mittelmeerraum*	*Blutuntersuchung nach 2 Wochen nach Eintreffen in Deutschland, nicht erforderlich für geimpfte Tiere*
Leishmaniose*	*Vergrößerte Lymphknoten, schuppige Haut, Gefäßentzündungen, Lahmheit, Appetitmangel, Gewichtsverlust, Nierenversagen, zentralnervöse Störungen*	*Leishmania-infantum-Stämme (einzellige Blutparasiten)*	*Sandmücken*	*Ja, durch Stich der Sandmücke, keine Hund-Mensch-Übertragung*	*Südliche Länder wie Südfrankreich, Spanien, Portugal, Italien, Griechenland, Türkei, Bulgarien und Kroatien*	*Bei Hunden ohne Symptome: Frühestens 8 Wochen nach Ankunft in Deutschland Blut- und Harnuntersuchung*
Ehrlichiose*	*Abgeschlagenheit, Schwäche, Fieber, geschwollene Lymphknoten, blasse Schleimhäute, Ödeme, Atemnot und Lahmheit*	*Bakterien (Rickettsien)*	*Bestimmte Zeckenarten*	*Ja, durch Zeckenbiss, keine Hund-Mensch-Übertragung*	*Ab Zentralfrankreich südwärts in allen europäischen Mittelmeerländern einschließlich Portugal*	*Nur bei Auftreten von Symptomen, u. a. Blut-, Harn-Untersuchungen*

Leptospirose*	*Grippeähnliche Symptome, schwere Organschäden*	*Bakterien (Leptospirainterrogans)*	*Trinken von verschmutztem Wasser aus stehenden Gewässern*	*Ja, bei Kontakt mit Blut, Urin und infiziertem Gewebe von kranken Ratten und Mäusen*	*Weltweit verbreitet*	*Mehrmalige Urinuntersuchungen*
Herzwurmerkrankung* (Dirofilariose)	*Konditionsschwäche, Husten, Atemnot*	*Herzwürmer (Dirofilariaimmitis)*	*Stechmücken*	*Ja, durch Stich der Stechmücke,keine Hund-Mensch-Übertragung*	*Mittelmeerraum, Südschweiz, Tschechien, Slowenien*	*Wurmtest sofort nach Eintreffen in Deutschland mit Blutuntersuchung, Wiederholung des Tests nach 6 bis 8 Monaten*
Hautwurmerkrankung (Dirofilariose)	*Knoten in der Haut, ggf. Hautentzündungen*	*Hautwürmer (Diofilariarepens)*	*Stechmücken*	*Infektion durch Mücken möglich, nicht direkt vom Hund auf den Menschen übertragbar*	*Von Ost- und Südeuropa bis mittlerweile auch Deutschland*	*Bei Auftreten von Symptomen: Blut-Untersuchungen; Wiederholung nach 6 bis 8 Monaten*
Anaplasmose*	*Hautblutungen, Abgeschlagenheit, Schwäche, Fieber, Lahmheit, Durchfall, Erbrechen, geschwollene Lymphknoten*	*Bakterien (Ricketsien)*	*Bestimmte Zeckenarten*	*Infektion durch Zecken möglich, nicht direkt vom Hund auf den Menschen übertragbar*	*Von Schweden, Norwegen, bis Nordspanien, Norditalien, Nordrumänien*	*Bei Auftreten von Symptomen: Blut-, Harn-Untersuchungen u. a.*
Hepatozoonose	*Appetitlosigkeit, Abmagerung, Ausfluss aus Augen und Nase, Durchfall, Lahmheit, Fieberschübe*	*Hepatozooncanis (parasitärer Einzeller)*	*Bestimmte Zeckenarten*	*Nein*	*Ganz Europa bis zum 50. nördlichen Breitengrad, in Deutschland bis in die Lüneburger Heide*	*Bei Symptomen; Blut- und evtl. Muskelgewebe-Untersuchung*
Giardiose	*Je nach Gesundheitszustand Durchfall, Appetitverlust, Gewichtsverlust*	Giardiaintestinalis *(einzelliger Darmparasit)*	*Zysten, Kontakt mit Kot erkrankter Tiere, verunreinigtes Wasser*	*je nach Erregertyp möglich, aber selten*	*Zunächst Süd- und Osteuropa, doch mittlerweile auch in Deutschland*	*Kotuntersuchung*

* Babesiose, Leishmaniose, Ehrlichiose, Leptospirose, Anaplasmose und Herzwurmerkrankungen können zum Tod des Hundes führen

Babesiose (Hundemalaria): Die Erreger sind einzellige Blutparasiten, die die roten Blutkörperchen zerstören. Die Behandlung der Hundemalaria ist zwar möglich, aber oft mit starken Nebenwirkungen verbunden. Mittlerweile tritt die Krankheit aufgrund der verstärkten Einfuhr von Hunden aus dem südeuropäischen Raum auch regelmäßig in Deutschland auf.

Leishmaniose: Der Erreger schädigt die inneren Organe des Hundes. Unbehandelt endet die Krankheit meist tödlich. Erkrankte Tiere brauchen in der Regel lebenslang Medikamente.

Ehrlichiose: Wenn Anfangssymptome übersehen und nicht behandelt werden, etabliert sich in den meisten Fällen eine chronische Erkrankung. Nach den Anfangssymptomen schließt sich in aller Regel eine symptomfreie Phase von oft mehreren Jahren an, bevor ein erneuter Ausbruch der Krankheit zu Gelenkbeschwerden, erhöhte Blutungsneigung, Hirnhautentzündung führt. Der Erreger kann fast nie vollständig bekämpft werden.

Leptospirose: Besonders in tropischen Ländern finden sich nach Überschwemmungen viele infizierte Ratten und Mäuse, die den bakteriellen Erreger ausscheiden. In feucht-warmen Gebieten kann das Bakterium gut und lange überleben. Durch die in Deutschland übliche Grundimmunisierung ist die Krankheit bei uns weitestgehend zurückgedrängt worden.

Herzwurmerkrankungen: Junge Wurmlarven gelangen ins Herz und in die Lungenarterien des Hundes, wo sie zum vollständigen Wurm heranwachsen. Je nach Intensität und Dauer der Infektion treten keine bis schwerwiegende Probleme auf, die die Lunge betreffen. Eine Behandlung eines fortgeschrittenen Befalls ist möglich, gilt aber als schwierig.

Hautwurmerkrankung: Der Wurm siedelt sich im Bindegewebe unter der Haut des Hundes an. Dort kann er sieben Jahre überdauern. Hautwürmer sind auch bei Hunden entdeckt worden, die nie im Ausland waren, also auch diese Erkrankung ist keine typische Reisekrankheit mehr.

Anaplasmose: Der Erreger wandert über das Blut und die Lymphbahn des Hundes in sein Gehirn. Nicht immer bricht die Krankheit aus. Die Krankheit ist behandelbar.

Hepatozoonose: Wenn Hunde infizierte Zecken zerbeißen oder erkrankte Tiere fressen, so besteht besonders bei immungeschwächten Tieren die Gefahr für eine Hepatozoonose. Die Krankheit ist gut diagnostizierbar, doch leider nicht komplett heilbar.

Giardiose: Die Erreger schädigen die Dünndarmschleimwand. Giardien sind leicht übertragbar. Wenn infizierte Tiere Zysten ausscheiden, so sind diese auch außerhalb ihres Wirtes lange überlebensfähig. Immungeschwächte Menschen und Kinder müssen sich von infizierten Tieren fernhalten.

Magen- und Darmwürmer

Hunde können sich immer mal wieder mit Magen- und Darmwürmern infizieren. Wie Sie ihn schützen können, finden Sie hier.

Tierschutzhunde aus dem seriösen Tierschutz werden immer entwurmt an den neuen Besitzer übergeben. Falls ein Wurmbefall vorlag, so sind diese durch die Behandlung mit großer Wahrscheinlichkeit abgetötet worden. Dennoch empfiehlt sich eine Kontrolle im neuen Zuhause.

Tipp

Wenn ein Wurmbefall vorliegt, so ist eine tierärztlich verordnete Wurmbehandlung die sicherste Möglichkeit, um Würmer schnell und effektiv zu bekämpfen.

Regelmäßige Kotuntersuchungen machen Sinn

Lassen Sie den Kot Ihres Hundes von nun an regelmäßig auf Wurmbefallt untersuchen. Auch wenn Sie im Kot Ihres Hundes keine Würmer entdecken können, so heißt das nicht, dass er frei von Würmern sein muss. Ausgewachsene Würmer werden nur dann ausgeschieden, wenn der Befall massiv ist und die Infektion schon lange zurückliegt.
Sie können zur Untersuchung Kotproben an drei aufeinanderfolgenden Tagen sammeln und an ein entsprechendes Labor (z. B. Vetevo, siehe Quelle Seite 185) einschicken. Wenn Ihr Hund frei von Würmern ist, dann ersparen Sie ihm die unnötige Belastung mit chemischen Antiwurmmitteln.

Alle Magen- und Darmwürmer rufen ähnliche Symptome hervor:

- Appetitlosigkeit, was oft zur Abmagerung und zum Gewichtsverlust führt
- Bauch zuweilen aufgebläht
- Durchfall, manchmal Verstopfung
- Juckreiz um den Anus (dadurch kommt es zum sogenannten Schlittenfahren; der Hund rutscht in sitzender Stellung mit dem Po über den Boden)
- Erbrechen
- Müdigkeit
- Husten
- Nervöse Erscheinungen mit Krämpfen, vor allem bei Spulwurmbefall
- Glanzloses Fell

Hausmittel gegen Wurmbefall

Etlichen Hausmitteln traut man zu, einen Wurmbefall bei Hunden sowohl effektiv bekämpfen als auch vorbeugen zu können. Über wissenschaftliche Studien zur Wirksamkeit der Hausmittel gegen Würmer ist nichts bekannt. Alle Hausmittel gegen Wurmbefall wirken vermutlich unspezifisch. Sie mögen die Darmgesundheit von Hunden allgemein fördern, sodass der Darm für Würmer weniger attraktiv wird. Die Anwendung solcher Mittel erspart keine regelmäßigen Kotkontrollen.

Hausmittel gegen Magen-Darm-Würmer, wie sie verabreicht werden und wirken sollen (Quelle Seite 185)

Hausmittel	Anwendung	Wirkung	Kommentar
Apfelessig	*Naturtrüber Bio-Apfelessig, 1 TL für kleine und 1 EL für große Hunde, ein bis zweimal pro Woche per Futter oder Trinkwasser verabreichen*	*Reinigende und aufbauende Wirkung, die Säure soll abschreckend oder abtötend für Würmer sein*	*Zuviel Säure ist schädlich, vorsichtige Dosierung ist nötig, aber unklar, ob dann noch wirksam; Hund könnte die Aufnahme von intensiv riechendem Wasser verweigern; auf eine ausreichende Trinkmenge achten*
Kokosöl	*unters Futter mischen;1 TL pro 10 kg Körpergewicht wird empfohlen; vorsichtig testen ist ratsam*	*Angeblich wurmabtreibende Funktion aufgrund der Laurinsäure, bringt Darmflora ins Gleichgewicht*	*Allergische Reaktionen möglich; sonst i. d. R. unbedenklich bei geringer Dosierung; schmackhaft für Hunde; Durchfall bei zu hoher Dosierung möglich; Würmer womöglich nicht effektiv zu bekämpfen*
Kokosflocken	*Ca. 1 TL pro 10 kg Körpergewicht des Hundes täglich für 10 Tage unters Futter mischen*	*Siehe Kokosöl*	*Wirkung gegen Parasiten nicht nachgewiesen, verdauungsfördernd, Vorsicht bei Übergewicht, kalorienhaltig!*
Karotten	*Geriebene Karotten*	*Ätherische Öle lähmen Würmer und erleichtern die Ausscheidung*	*Reich an Zink und vielen Vitaminen, auf jeden Fall gesund, doch nicht ausreichend als Wurmvorbeugung oder -behandlung; etwas stopfende Wirkung*
Kräutermischungen*	*Pfefferminze, Thymian, Ulmenrinde, Kümmel, Knoblauch, Papaya-Blätter, Brennnessel, Erdrauch, Wermut, Petersilie, Nelken, Majoran, Oregano, Hagebutte, Beifuß, Labkraut, Schwarzkümmel*	*Darmaktive und magenfreundliche Wirkstoffe, stärken das Immunsystem; in diversen Mischungen erhältlich; teilweise wird Langzeitbehandlung empfohlen*	*Siehe Rezept unter der Tabelle; Kräuter generell gut für Darmgesundheit; allgemeinen Abwehrkräfte werden unterstützt*
Kürbiskerne	*Gemahlen oder im Stück, ½ TL bei kleinen Hunden, 1 TL bei mittelgroßen Hunden, 2 TL bei großen Hunden pro Tag*	*Enthalten Curcurbitin, was Parasiten angeblich hindert, sich an den Darmwänden festzusetzen*	*Besonders bei Bandwürmern empfohlen; enthalten wertvolle Vitamine (A, C, E, B), Selen, Eisen, Zink und Magnesium; Immunsystem wird unterstützt*
Wurmkraut	*Wurmsamen-Drüsengänsefuß, Indianisches Wurmkraut, Rainfarn, Wurmsamen; genaue Anwendung und Dosierung unklar*	*Inhaltstoffe haben anthelminthische Wirkung wie chemische Wurmkuren*	*Hemmen Energiestoffwechsel der Würmer oder legen deren neuronale Übertragungsmechanismen still, was sie lähmt*

* Vielen Kräutern wird eine effektive Wirkung gegen Würmer bescheinigt.

Kräuterbuttermilch aus Oregano, Thymian, Majoran

Kräuterbuttermilch unterstützt einen gesunden Darm und würde sich deshalb vorbeugend auch positiv gegen Wurmbefall auswirken. Oregano bietet einen natürlichen Schutz der Darmschleimhaut, wirkt entzündungshemmend und hat eine positive Wirkung auf die Verdauung. Thymian wirkt antibakteriell und antiviral. Majoran stärkt die Nerven, hilft gegen Blähungen und Koliken und soll besonders gegen Spul- und Fadenwürmer wirken. Buttermilch und Kefir wirken unterstützend beim Aufbau einer gesunden Darmflora. Kefir wird oft besser als Buttermilch vertragen und enthält zudem verschiedene Vitamine, Jod, Calcium, Folsäure und Milchsäurebakterien, was sich positiv auf die Darmflora auswirkt.

Tierärztliche verordnete Wurmkur? Ja, aber ...

Früher wurde empfohlen, jeden Hund viermal pro Jahr zu entwurmen, unabhängig ob ein Wurmbefall vorliegt oder nicht. Da Wurmkuren einem Wurmbefall nicht vorbeugen können und jeder Hund unmittelbar nach einer Wurmkur sofort wieder Eier oder Würmer aufnehmen kann, bringt die regelmäßige Behandlung keine Vorteile. Sie belastet den Körper des Hundes unnötig und könnte sogar für die Ausprägung von Resistenzen gegenüber dem Wurmmittel verantwortlich sein. Aus diesem Grund werden mehr und mehr regelmäßige Kontrollen durch Kotuntersuchungen empfohlen. Wenn dabei ein Wurmbefall diagnostiziert wird, dann ist die sogenannte chemische Keule, die vom Tierarzt verschrieben und dosiert wird, die beste und effektivste Waffe gegen die Parasiten. Solange das Wurmmittel dabei richtig dosiert wird, was aufgrund des Körpergewichts, des aktuellen Gesundheitszustandes sowie des Alter geschieht, wird dem Darm des Hundes kein Schaden zugefügt. Die chemische Wurmkur muss schnellstmöglich nach Bekanntwerden des positiven Wurmbefalles begonnen werden.

Die Wirkstoffe in den tierärztlich verordneten Wurmkuren (Anthelminthika) wurden für die Bekämpfung von Eiern, Larven und ausgewachsenen Würmern entwickelt. Es handelt sich um verschreibungspflichtige Präparate, die entweder als Pasten, Spot-on-Präparate oder Tabletten zur Verfügung stehen. Anthelminthika hemmen entweder den Energiestoffwechsel der Würmer oder sie lähmen sie, was durch das Stilllegen neuronaler Übertragungsmechanismen geschieht.

Knoblauch und andere Zwiebelgewächse

Vor Knoblauch wird gewarnt, denn das in allen Zwiebelgewächsen enthaltene Allicin können Hunde nicht abbauen. Knoblauch soll zudem unwirksam gegen alle Arten von Parasiten sein!

Rezept für Kräuterbuttermilch

500 ml Buttermilch oder Kefir plus je 2 EL Majoran, Thymian, Oregano, gut mischen und einige Stunden im Kühlschrank ziehen lassen. Jeder meiner beiden knapp 11 kg schweren Hunde bekommt an zwei aufeinanderfolgenden Tagen mit dem Futter ca. 125 ml der Kräuterbuttermilch. Ich verabreiche den Cocktail meinen Hunden etwa einmal pro Monat.

Ist der Hund ein Müllschlucker?

Was Hunde so alles in sich reinschlingen. Nicht alles ist harmlos! Gehen Sie der Sache auf den Grund, um eventuelle schwerwiegende Folgen zu vermeiden.

Hunde sind oftmals nicht besonders wählerisch, was sie alles aufnehmen. Da Hunde zu den Aasfressern gehören, ist dieses Verhalten nicht unnormal, auch wenn wir es nicht mögen. Bei Tierschutzhunden kommt erschwerend hinzu, dass sie möglicherweise Hungerphasen überstehen mussten, in denen sie hinsichtlich der Herkunft ihrer Kalorien nicht wählerisch sein konnten. Nicht immer muss man gleich in Panik verfallen, was sich der Hund nun wieder antun könnte, wenn er dies oder jenes in sich hineingeschlungen hat, doch es können auch Gefahren auf die vierbeinigen Müllschlucker warten.

Aas: Aas, wie tote Wasservögel, können gefährliche Bakterien, wie Clostridien, enthalten, die die Hunde vergiften. Tote Mäuse am Wegesrand und solche, die noch weghuschen wollen, sind besonders im Herbst eine Verführung für viele Hunde. Die Mäuse können pestizidhaltige Pflanzen von behandelten Feldern gefressen haben. Diese würden dann die Hunde aufnehmen. Mäuse sind auch Zwischenwirte für einige Darmwürmer, die sich im Hund etablieren können.

Mögliche Ursachen für das Fressen von Erde, Aas oder Kot und Gegenmaßnahmen (Quelle Seite 185).

Mögliche Ursachen für das Fressen von Erde, Aas und/oder Kot

- Neugier (Welpen)
- es schmeckt
- Suche nach Aufmerksamkeit
- Langeweile, Frustration, Stress
- Revierverhalten (Kot fressen)
- Nährstoffmangel durch minderwertiges Futter oder ungenügende Futteraufnahme
- Unwohlsein durch rasche Futterumstellung (Erde fressen)
- gesundheitliche Probleme* wie Stoffwechselstörung, Zahnprobleme und/oder Parasiten als Nährstoffräuber

*ärztliche Diagnose bzw. Behandlung nötig

Maßnahmen: Management und Erziehung

- Gelegenheiten zur Aufnahme von Kot etc. reduzieren (Garten sauber halten)
- artgerechte Beschäftigung, Auslastung des Hundes
- Unterbinden der Aufnahme von Unrat (Verbotskommando)

Maßnahme: Nährstoffzufuhr

- hochwertiges Futter (ohne Konservierungsstoffe, ohne Zucker, mit guten Proteinquellen)
- Vitamin-B-Komplex haltige Nahrungsergänzungsmittel
- Hefeflocken ins Futter
- Banane ins Futter
- trockener oder frischer Pansen
- frischer Blättermagen
- vor dem Gassi gehen Harzer Roller, Romadur oder anderen stinkenden Käse füttern

Hier leckt jemand genüsslich an Erde.

Fressen von Kot (Koprophagie): Ebenfalls unschön und nicht ganz ungefährlich ist das Fressen von Kot von (bevorzugt anderen) Tieren. Auch damit kann der Hund die mögliche Krankheit des Verursachers aufnehmen.

Erde: Manche Hunde fressen Erde, die offensichtlich Magen- und Darmprobleme lindern kann. Das Fressen von Erde gilt als ein natürlicher Instinkt der Hunde. Leider können jedoch auch dabei z. B. Wurmeier aufgenommen werden.

Es gibt mehrere Ursachen für das Fressen von Unrat, die aus der Abbildung auf Seite 170 ersichtlich sind. Gesundheitliche Ursachen kann nur der Tierarzt bestätigen oder behandeln.

Was weist auf einen Nährstoffmangel hin?

» Energiemangel, Lustlosigkeit, Mattigkeit, Lethargie
» Haut- bzw. Fellstörungen, Haarausfall, Infektionen, andere Hautkrankheiten
» Beschaffenheit des Kots ist verändert; er sollte frei von Schleimresten sein, eine gute Konsistenz haben, weder zu dünn und nicht zu hart sein
» Allergien
» Zahnfleischentzündungen
» Diabetes
» Über- und Untergewicht
» Organstörungen
» Inkontinenz

Alle gelisteten Symptome sind nicht besonders spezifisch, sodass Sie bei einem Verdacht eines Nährstoffmangels um einen Besuch beim Tierarzt nicht herumkommen: Nährstoffe umfassen Vitamine, Mineralien (Kalzium, Phosphor, Kalium, Mangan, Natrium, Kupfer und Eisen in sehr geringen Mengen, Selen, Jod und Magnesium), Eiweiß, Fette, Wasser und Kohlenhydrate.

Nährstoffarmut ist bei ausreichendem Verzehr von qualitativ gutem, handelsüblichem Fertigfutter für gesunde Hunde eher unwahrscheinlich. Ein Nährstoffdefizit könnte allerdings zustande kommen, wenn Ihr Hund zu wenig frisst oder wenn im Körper Ihres Vierbeiners Parasiten als Nährstoffräuber schlummern. Im letzteren Fall müssten natürlich die Parasiten bekämpft werden (Seite 167 ff.). Wenn eine Stoffwechselerkrankung vorliegt, bei der die Aufnahme von Nährstoffen reduziert ist, so kann die Nährstoffversorgung ebenfalls gestört sein (z. B. Erkrankung der Bauchspeicheldrüse). Alte Hunde können oft weniger Nährstoffe aus dem Futter aufnehmen als eigentlich nötig.

Was Sie tun können – Ursachenanalyse

Sie können im Ausschlussverfahren testen und entscheiden, welche Ursachen für Ihren Schützling nicht infrage kommen. Kann es sein, dass Ihr Hund mehr Beschäftigung braucht? Haben Sie einen neugierigen Welpen, der auch mal Erde ausprobiert? Diese Marotte legt sich vielleicht von allein wieder. Gelegentliche Erd-Schleckereien bekommen Sie auch gut mit einem gut trainierten Verbotskommando in den Griff (S. 97), zumindest solange Sie anwesend sind und Ihren Hund beobachten können. Dasselbe gilt für das Fressen von Aas und Kot. Ob ein zu schneller Futterwechsel zu allgemeinem Unwohlsein geführt hat, das der Hund durch das Fressen von Erde ausgleichen will, können Sie auch recht schnell beantworten. Dann müsste sich das Erde-Fressen auch bald wieder legen.

So können Sie gegensteuern

In der Abbildung auf Seite 168 sind auch einige Hausmittel gelistet, die Sie Ihrem Hund problemlos verabreichen können. Selbst wenn die gewünschte Wirkung nicht erreicht werden sollte, so können Sie Ihrem Schützling damit keinen Schaden zufügen, im Gegenteil, sie sind gesund für ihn.

Häufig werden Vitamin-B-Präparate verabreicht. Hefeflocken sind letztlich auch Vitamin-B-haltig. Ähnliches gilt für Pansen. Frischer Rinderpansen ist eine Vitamin- und Mineralstoffbombe. Er enthält die Vitamine A, E, B1 bis B12, C, D, E sowie Eisen, Fluor, Kupfer, Jod, Mangan, Zink, Kalzium, Magnesium, Phosphor und Schwefel. Ähnliches gilt für Blättermagen, obwohl dieser weniger Vitamine, aber dafür mehr Kupfer, Zink und Magnesium als Pansen enthält.

Alle Hausmittel, die vitamin- und mineralstoffreich sind, zielen also darauf ab, dass das Fressen von Erde, Aas und Kot im Zusammenhang mit einem Mangel an Nährstoffen steht. Inwieweit Banane oder stinkender Käse hilfreich sein können, ist unklar. Am besten Sie probieren beides für zwei bis drei Wochen aus, beobachten dabei Ihren Hund und machen somit Ihre eigenen Erfahrungen.

Der Handel bietet unzählige weitere Nahrungsergänzungsmittel für Hunde an. Lassen Sie sich am besten von Ihrem Tierarzt beraten, ob und welches Nahrungsergänzungsmittel in welcher Entwicklungsphase und bei welchen Beschwerden Ihres Hundes sinnvoll ist.

Probleme mit der Verdauung?

Verdauungsprobleme können zu Durchfall oder auch zu hartem Kot bis hin zur Verstopfung führen. Wie Sie kleineren Problemen entgegenwirken können, erfahren Sie hier.

Allgemeine Maßnahmen bei Durchfall sind:

- Verabreichen Sie Ihrem Hund kein Futter für 12 bis 24 Stunden, sodass sein Magen-Darm-Trakt etwas zur Ruhe kommen kann.
- Durchfall entzieht dem Körper viel Wasser (auch Nährstoffe). Stellen Sie deshalb immer frisches Wasser bereit.
- Seine Maulschleimhaut sollte feucht und nicht klebrig bis trocken sein.
- Außerdem können Sie den Hautfaltentest durchführen, indem Sie eine Hautfalte etwas anheben und loslassen. Sie sollte sich schnell wieder anlegen und nicht langsam zurückgehen.
- Die Augen Ihres Schützlings sollten klar und wach sein und nicht trocken wirken.
- Bei trockener Maulschleimhaut, langsamen Zurückgehen der Hautfalte und trocken wirkenden Augen muss die Flüssigkeitszufuhr erhöht werden!
- Kleineren Problemen können Sie mit Hausmitteln entgegenwirken (siehe Abb. unten).

Mögliche Ursachen für Durchfall Ihres Hundes, vorbeugende Maßnahmen sowie einige Hausmittel gegen Durchfall.

Mögliche Ursachen für Durchfall

- Stress oder psychische Belastung
- zu große Futtermenge
- Ernährungsumstellung
- verunreinigtes Trinkwasser
- unverträgliche Lebensmittel
- verdorbenes Futter
- Vergiftung (Dünger, Pflanzengifte)
- Medikamente*
- Futtermittelallergie*
- Parasitenbefall*
- Virusinfektion*
- hormonelle Erkrankung*
- Stoffwechselerkrankung*

*ärztliche Diagnose bzw. Behandlung nötig

Vorbeugende Maßnahmen

- plötzliche Futterumstellung vermeiden
- kleine Fütterungsportionen
- hochwertiges Futter (ohne Konservierungsstoffe, ohne Zucker, gute Proteinquellen)
- Fette nur dosiert
- Vorsicht mit getreidehaltigem Futter
- regelmäßige Kotuntersuchungen und gegebenenfalls Entwurmung

Hausmittel gegen Durchfall

- abgekochtes Wasser
- 12 bis 24 h Nulldiät
- Aktivkohle
- Karottensuppe nach Moro
- Schonkost: gekochter Reis, gekochtes Hühnchen, Hüttenkäse, Magerquark, gekochte Haferflocken, gekochte Kartoffeln
- keine Kauknochen, Leckerlis
- geriebener Apfel ohne Schale
- Flohsamenschalen

Manchmal scheint das Wasser aus Pfützen besonders gut zu schmecken, doch ganz ungefährlich ist es nicht.

Ein Tierarztbesuch wird nötig bei:

- Länger anhaltenden Durchfällen und zusätzlichen Begleitsymptomen, wie z. B. Blut im Kot, schwarzem Kot, Fieber, Schmerzen usw.
- Durchfall bei einem sehr jungen oder auch sehr alten Hund
- Verdacht auf Infektion, Stoffwechselerkrankung oder hormonelle Erkrankung

Es gibt viele Gründe für Durchfall

Stress: Wenn Sie gerade Ihren Hund aus dem Tierschutz übernommen haben und er dünnen Kot bei normaler Farbe und ohne Blut absetzt, so kann dies noch die Folge des Umstellungsstresses sein. Hier ist es am besten, einen Tag abzuwarten und zu schauen, wie sich die Dinge entwickeln.

Ihr Hund kann aber auch auf andere Stresssituationen (z. B. Verlust eines Sozialpartners, Umzug) mit Durchfall reagieren. Hier löst wahrscheinlich ebenfalls die Zeit das Problem. Zusätzlich können Sie Hausmittel, wie angegeben, probieren.

Fütterungsfehler: Durchfall kann auch entstehen, wenn Ihr Hund mal eine zu große Futtermenge verschlungen hat. Oder Sie haben eine Futterumstellung zu schnell durchgeführt. Beim Futterwechsel empfiehlt es sich, täglich jeweils nicht mehr als 25 % des üblichen Futters durch das neue Futter zu ersetzen.

Verschmutztes Wasser: Wenn Ihr Hund aus Pfützen oder anderen Tümpeln getrunken hat, so kann dieses verunreinigte Wasser ebenfalls zu Durchfall führen. Oft werden Parasiten dabei aufgenommen. Achten Sie darauf, dass er nur sauberes Trinkwasser bekommt.
Medikamente und mögliche Vergiftungen, die auch unverträgliche Lebensmittel bzw. ungeeignetes Futter mit einschließen, können ebenfalls ursächlich für Durchfall sein. Achten Sie auf hochwertiges Futter, das frei von Zucker, Farb- und Konservierungsstoffen ist und das qualitativ hochwertige Proteinquellen enthält. Lassen Sie sich beraten!

Karottensuppe nach Moro bei Durchfall

Eine Karottensuppe nach Moro ist ein beliebtes Hausmittel gegen Durchfall. Es wurde von dem Kinderarzt Prof. Ernst Moro Anfang des 20. Jahrhunderts entwickelt. Entweder Sie geben die Möhrensuppe anstelle des Futters oder vor der normalen Fütterung.

Für die Zubereitung der Suppe benötigen Sie 500 g Möhren, die Sie schälen und in Stücke scheiden. Anschließend werden die Möhren mit 1 l Wasser aufgekocht und für weitere 90 Minuten bei niedriger Hitze geköchelt. Anschließend werden die Möhren in der Kochflüssigkeit püriert und die Suppe wird auf 1 l aufgefüllt. Anschließend wird eine Prise Salz zugegeben.

Von der auf Zimmertemperatur abgekühlten Möhrensuppe können Sie Ihrem Hund in 4 bis 5 Portionen über den Tag verteilt etwa 500 ml anbieten, wenn Sie einen mittelgroßen Hund haben. Bei kleinen Hunden reichen 100 ml bis 250 ml.

Die positive Wirkung der Suppe kommt durch das lange Kochen der Möhren zustande. Dabei wird ein Zuckermolekül freigesetzt, das an die Darmwand andockt. Damit wird verhindert, dass sich gefährliche Einzeller, beispielsweise Giardien ansetzen. Karotten liefern außerdem verschiedene Vitamine und Ballaststoffe.

Mögliche Ursachen für zu harten Kot oder Verstopfung beim Hund. Vorbeugende Maßnahmen zur Vermeidung und Hausmittel zur Linderung des Problems.

Mögliche Ursachen für harten Kot/Verstopfung

- zu geringe Wasseraufnahme
- übermäßige Fütterung von Knochen
- unzureichende Bewegung
- Fressen von unverdaulichem Material
- entwässernde Medikamente
- zu hoher Wasserverlust (Diabetes, Niereninsuffizienz)*
- Engstellung im Darm (Tumore, Fremdkörper, Prostatavergrösserung, verfilztes Fell)*
- Schmerzen, orthopädische Probleme, Frakturen des Beckens*
- Probleme mit dem Stoffwechsel, Hormonhaushalt (Kaliummangel, Kalziumüberschuss, Schilddrüsenunterfunktion)*
- fieberhafte Allgemeinerkrankungen*
- neurologische Probleme*

* ärztliche Diagnose und Behandlung nötig

Vorbeugende Maßnahmen

- Übergewicht vermeiden
- auf Schmerzfreiheit achten
- ausreichend Bewegung
- ballaststoffreiche Ernährung
  → Gemüseanteil im Futter erhöhen

Hausmittel gegen Verstopfung

- Nassfutter + Wasser + 1 TL Pflanzenöl + Flohsamenschalen
- ausreichende Wasseraufnahme (500 ml Wasser + 1 EL Joghurt)
- ungesüßter Kürbis aus der Dose
- gesunder Gemüsemix (Karotten, Rote Beete, Sellerieknolle, Zucchini)
- Bierhefe
- Prä- und Probiotika
- gekochtes Sauerkraut,
- Kuhmilch (verdünnt mit Wasser)
- homöopathische Mittel

Aufpassen bei zu festem Kot bis Verstopfung

Im Unterschied zu festem Kot hockt sich der Hund bei Verstopfung mehrfach hin und kann keinen Kot absetzen. Dieses Problem ist schwerwiegender als fester Kot. Bei regelrechter Verstopfung sollten Sie umgehend einen Tierarzt aufsuchen. Wenn Ihr Hund festen Kot absetzt oder sogar an Verstopfung leidet, so kann es auch hierfür viele verschiedene Ursachen geben, die in der Abbildung auf Seite 175 zusammengefasst sind.

Das können Sie bei zu festem Kot tun

Trinkmenge steigern: Wenn Ihr Hund trinkfaul ist, so können Sie sein Trinkwasser mit einem Schuss Joghurt oder Buttermilch schmackhafter machen. Dafür geben Sie etwa 1 EL Joghurt oder Buttermilch oder Ziegenmilch in 500 ml Wasser.

Flohsamenschalen: Flohsamenschalen binden im Magen- und Darmtrakt Wasser und quellen zu einer gallertigen Masse auf. Das ist sowohl bei Verstopfung als auch bei Durchfall hilfreich. Durch die starke Wasserbindung im Darm entsteht eine größere Menge an weicherem Kot. Dieser drückt gegen die Darmwand und aktiviert somit die Darmbewegung, was wiederum den Reflex zur Entleerung des Darms anregt. Gleichzeitig wird die Darmwand geschmiert.

Bei der Verabreichung von Flohsamenschalen müssen Sie unbedingt darauf achten, dass Ihr Hund mehr Flüssigkeit aufnimmt als ohne Flohsamenschalen. Sonst entziehen die Samen dem Kot durch den Quellungsprozess Flüssigkeit, was ihn nicht breiiger, sondern fester macht!

Achtung

Wenn bereits eine Verstopfung vorliegt und sich sehr harter Kot im Enddarm staut, dürfen Flohsamenschalen nicht verabreicht werden, weil Sie den Darmfluss in diesem Fall nicht in Gang bringen können.

Prä- und Probiotika: Probiotika sind Mikroorganismen, die für eine ausgewogene Darmflora sorgen. Präbiotika sind unverdauliche Kohlenhydrate, die von den Probiotika verwendet werden, um die Darmflora zu regenerieren.

Gemüse: Gemüsezugaben zum Futter stellen Ballaststoffe bereit, die das Verdauungssystem anregen. Dadurch wandert die Nahrung schneller durch den Darm.

Bierhefe: Bierhefe enthält ebenfalls viele Ballaststoffe und unterstützt auch die Verdauung. Bierhefe enthält außerdem vorteilhaftes Vitamin B.

Kuhmilch: Im Internet ist oft von Kuhmilch die Rede, um Verstopfungen zu behandeln. Die Laktose in der Milch ist jedoch für die meisten Hunde nur schwer verdaulich. Die durchschlagende Wirkung der Milch kann deshalb auf einer Unverträglichkeit beruhen. Wenn Sie es dennoch probieren wollen, so empfiehlt sich eine vorsichtige Dosierung im Gemisch mit Wasser.

Homöopathische Mittel: Beispiele für homöopathische Mittel sind Nux vomica D6, Bryonia D6 oder Graphites D12. Homöopathische Abführmittel werden vom Tierarzt individuell für jeden Hund ausgewählt. Experimentieren Sie besser nicht allein.

„Heute bin ich gar nicht gut drauf."

Warum ist der Hund so müde und lustlos?

Leiden Sie auch, wenn sich Ihr Hund augenscheinlich nicht wohl fühlt? Gehen Sie gemeinsam mit Ihrem Tierarzt der Sache so schnell wie möglich auf den Grund.

Wichtig ist auch hier eine genaue Analyse der Umstände. Wie alt ist Ihr Hund? Kam die Veränderung plötzlich oder langsam? Wie verhält er sich beim Gassi-Gehen. Ist er noch an seiner Umwelt interessiert oder macht er eher einen abwesenden Eindruck? Nur ein Tierarzt kann eine verlässliche Diagnose stellen und muss die Behandlung vornehmen. Doch durch Ihre genaue Beschreibung der Symptome und Begleitumstände, können Sie seine Diagnose erleichtern bzw. unterstützen.

Mögliche Ursachen für Energiemangel, zu hohes Schlafbedürfnis und Lustlosigkeit eines Hundes.

Mögliche Ursachen	Mögliche zusätzliche Symptome	Kommentar
Alterserscheinung	*Hund wird insgesamt langsamer, hat evtl. auch Probleme beim Aufstehen, Arthrose*	*Schmerzmittel vom Tierarzt, Schonung; alternativ: vorsichtiges Training zum Erhalt oder Aufbau von Muskeln (Cavaletti-Training)*
Schmerzen, unabhängig vom Alter	*Verletzungen*	*Plötzliches Auftreten*
Futtermittelunverträglichkeit	*Stumpfes und glanzloses Fell*	*Futtermittelberatung, getreidefreies Futter, frei von Farb- und Konservierungsstoffen, hochwertige Proteinquellen*
Nährstoffmangel	*Stumpfes und glanzloses Fell*	*Siehe Seite 171 ff.*
Darm-Parasiten	*Durchfall, Appetitlosigkeit, Gewichtsverlust*	*Siehe Seite 167 ff.*
Virale Infektionskrankheiten	*Übelkeit, Durchfall, Erbrechen, Fieber, Appetitlosigkeit, Krampfanfälle, Husten*	*Z. B. Parvovirose, Hepatitis, Staupe, Influenza, Tollwut*
Bakterielle Infektionskrankheiten	*Durchfall, Erbrechen, Harnwegsinfekte, Gesäugeentzündungen, Gebärmuttervereiterungen, Fieber, Schmerzen*	*Z. B. Borreliose, E. coli Infektionen, Staphylokokken (Pyodermie = Hauterkrankung)*
Reisekrankheiten	*Durchfall, Fieber, Appetitlosigkeit, Gewichtsverlust, Husten*	*Siehe Seite 164 ff.*
Schilddrüsenunterfunktion	*Appetitlosigkeit, dunkle Hautflecken, schuppige Haut, Gewichtszunahme*	*Tierarzt kontrolliert den Status der Schilddrüsenhormone im Blut des Hundes*
Tumorerkrankung	*Je nach Lage des Tumors: anormale Schwellungen, schlecht heilende Wunden, Gewichtsverlust, Appetitverlust, Blutungen, unangenehmer Geruch, Probleme beim Fressen und Schlucken*	*Diagnose und Behandlung durch Tierarzt*
Diabetes	*Appetitlosigkeit, Durst, Gewichtsverlust, Depression, Krampfanfälle*	*Diagnose und Behandlung durch Tierarzt*
Gebärmutterentzündung (Hündin)	*Durst, eitriger Ausfluss*	*Diagnose und Behandlung durch Tierarzt*

Alternder Hund: Mit zunehmendem Alter werden Ihrem Hund die Gassi-Runden womöglich schwerer fallen. Er läuft vielleicht schon langsamer und verwendet immer mehr Zeit zum Schnüffeln als zum Laufen. Es kann auch sein, dass Ihr Vierbeiner Schmerzen hat beim Laufen, was z. B. durch Arthrose verursacht werden kann.

Langeweile: Trotz ruhigerem Verhalten ist nicht gesagt, dass Ihr Hund krank ist. Manchmal bewirken sogar Langeweile und fehlende Auslastung selbst beim jüngeren Hund ruhigeres Verhalten.

Stress: Häusliche oder familiäre Veränderungen können psychischen Stress auslösen, was wiederum ein Zurückziehen des Hundes zur Folge haben kann.

Schilddrüsenwerte testen

Bei Lustlosigkeit und Gewichtszunahme Ihres Hundes sollten Sie unbedingt die Schilddrüsenwerte kontrollieren lassen. Eine Schilddrüsenunterfunktion ist eine häufige Begleiterscheinung nach der Kastration, die in aller Regel bei allen Tierschutzhunden vorgenommen worden ist, sofern Ihr Hund nicht zu jung oder zu alt dafür war.

Zum Schluss

Viele schöne und friedfertige Hunde sind in der Obhut des Tierschutzes und sehnen sich nach menschlicher Zuneigung in einem richtigen Zuhause.

Die Hoffnung der Tierschutzhunde

Die Rettung herrenloser Hunde in Europa kann verschiedene Gesichter haben. Hier geht es um die Glückspilze und Ihre Begleitung auf dem Weg in ein harmonisches Familienleben.

Auf die Hoffnung der Tierschutzhunde hinzuweisen, ist mein abschließendes Anliegen dieses Buches. Hunde, die ein Zuhause verloren haben, und solche, die nie ein Zuhause kennenlernen durften, bekommen durch den Tierschutz die Chance auf eine bessere Zukunft, zumindest bei erfolgreicher Vermittlung.

Diese Hunde landen den begehrten, aber leider viel zu seltenen Sechser im Lotto. Dieses Glückslos hat jetzt Ihr Hund dank Ihrer Adoption einlösen können. Wenn es doch mehr solcher Menschen gäbe, die sich für einen Tierschutzhund entscheiden!

Die Vermittlungen durch den Tierschutz können gemessen am Gesamtleid der Hunde in Europa leider niemals alle Probleme lösen, doch jede einzelne Vermittlung setzt ein positives Zeichen und jeder Hund, der gerettet wird, ist einer weniger, der leidet.

Service

Zum Weiterlesen, Hören und Anschauen

Hier finden Sie alle Quellen und viele weiterführenden Informationen. So zum Beispiel lehrreiche Videos auf Youtube zum Umgang mit Hunden in den verschiedensten Situationen.

Tierschutz, Persönlichkeit und Gesundheit

BfT: Krankheiten beim Hund (13.04.2023). Internet-Veröffentlichung. https://www.bft-online.de/kleintiergesundheit/lebenslanger-impfschutz-beim-hund-immunisierung-regelmaessig-auffrischen/hintergrundinformationen-impfschutz-beim-hund (abgerufen am 19.06.2023).

Bußgeldkatalog (2022): Bußgeldkatalog Tierquälerei von Hunden. Internet-Veröffentlichung. https://www.bussgeldkatalog.org/tierschutz-hund/(abgerufen am 27.07.2022).

Bräunig, J. (2006): Die Zoonosen-Überwachungsrichtlinie 2003/99/EG, Fachgruppe 44 „Aufklärung von Ausbrüchen". Amtsblatt der Europäischen Gemeinschaft L 325/31 vom 12.12.2003. https://mobil.bfr.bund.de/cm/343/die_zoonosen_ueberwachungsrichtlinie_2003_99_eg.pdf (abgerufen am 24.06.2022).

Deutscher Tierschutzbund e. V.: Unfruchtbarmachung von Hunden. Internet-Veröffentlichung. https://www.tierschutzbund.de/fileadmin/user_upload/Downloads/Positionspapiere/Heimtiere/Unfruchtbarmachung_von_Hunden.pdf (abgerufen am 24.06.2022).

Deutscher Tierschutzbund: Animal-Hoarding-Fälle 2020. Internet-Veröffentlichung, https://www.tierschutzbund.de/fileadmin/user_upload/Downloads/Hintergrundinformationen/Heimtiere/Animal_Hoarding_2020.pdf (abgerufen am 19.07.2022) und Flyer zum Thema „Tierleid hinter der Wohnungstür", 2021.

ESCCAP (European Scientific Counsel Companion Animal Parasites) (2018). Internet-Veröffentlichung: Checkliste für Hunde aus dem Ausland. https://www.esccap.de/v2/wp-content/uploads/2020/06/Web-Checkliste.pdf (abgerufen am 25.06.2022).

Europäisches Parlament (aktualisiert am 24.01.2022). EU-Gesetze für Tierschutz und Tierwohl: Internet-Veröffentlichung auf der Website des Europäischen Parlamentes unter „Aktuelles". https://www.europarl.europa.eu/news/de/headlines/priorities/tierschutz-und-tiergesundheit/20200624STO81911/eu-gesetze-fur-tierschutz-und-tierwohl-videos (abgerufen am 27.07.2022).

Feragen Website: https://feragen.at/rassebestimmung/ (abgerufen am 24.06.2022).

FrostFutter-Magazin 2020: Wie erkenne ich einen seriösen Tierschutzverein? Internet-Veröffentlichung. https://www.frostfutter.de/magazin/wie-erkenne-ich-einen-serioesen-tierschutzverein (abgerufen am 28.07.2022).

Gansloßer, U. (2010): Wesenstest heutzutage. Internet-Veröffentlichung in WUFF Hundemagazin basierend auf einen Vortrag bei einem „Hundepolitischen Abend in hessischen Landtag im Oktober, 2010. https://www.wuff.eu/wp/wesenstest-heutzutage (abgerufen am 27.06.2022).

Guardi Website (2021): Zaun & Garten für Hunde absichern . Internet-Veröffentlichung. https://www.guardi.at/blog/ sicherheit-im-garten-tipps/hunde-zaun-absichern-garten (abgerufen am 31.07.2022).

Hornung, P. (2022): Koprophagie: Was tun, wenn der Hund Kot frisst? Internet-Veröffentlichung in Ratgeber Hund vom 03.05.2022.https://wamiz.de/hund/ratgeber/7876/was-tun-wenn-der-hund-kot-frisst (abgerufen am 27.06.2022).

Joachim, K. (2013): Jeder Hund – eine ganz eigene Persönlichkeit. Internet-Veröffentlichung in WUFF-Hundemagazin, Ausgabe 2013, https://www.wuff.eu/jeder.hund-eine-ganz-eigene-persoenlichkeit (abgerufen am 24.06.2022).

Kappel, M. (2022): Wurmmittel Hund – Die 16 besten Produkte im Vergleich. Internet-Veröffentlichung in Haustier Ratgeber, verfasst im Juni, 2022. https://www.haustierratgeber.de/ratgeber/hunde/wurmmittel-hund/(abgerufen am 25.06.2022).

Knight-Jadczyk, L. (2007): Ivan Pawlow und die Überlastungshemmung. Internet-Veröffentlichung in: Sott Fokus, https://de.sott.net/article/1830-Ivan-Pawlow-und-die-%C3%9Cberlastungshemmung (abgerufen am 24.06.2022).

Lawson, D. (2022): Wie viele Hunde gibt es auf der Welt? Internet-Veröffentlichung in: ripleybelieves, https://www.ripleybelieves.com/how-many-dogs-are-there-in-world-521 (abgerufen am 24.06.2022).

Meyer, F./Rosenman, R. (1975): Der A-Typ und der B-Typ. Rowohlt Verlag GmbH (1975).

Müller-Habermann, K. (2022): Die drei Hundetypen. Internet-Veröffentlichung in der Website des DOG.Psychology.Centre.ch, https://dog-psychology-enter.ch/hundetypen.htm, letzte Aktualisierung der Website am 10.05.2022 (abgerufen am 24.06.2022).

Nastl, L. (2020): Persönlichkeiten. Internet-Veröffentlichung in der Website „Hund und gesund", https://www.hundundgsund.at/persoenlichkeiten; (abgerufen am 24.06.2022).

Nijboer, J. (2018): Persönlichkeit bei Hunden. Internet-Veröffentlichung eines Interviews mit Jan Nijboer geführt von Reinhold, A. für das Magazin „LOGBUCH54". https://www.natural-dogmanship.de/blog (abgerufen am 24.06.2022).

Pfotenkost (2016): Kräuterbuttermilch – die natürliche Wurmkur. Internet-Veröffentlichung in WordPress.com, https://pfotenkost.wordpress.com/2016/04/14/24 (abgerufen am 27.06.2022).

Scheffner, M. (2020): Wagemutig oder scheu? Internet-Veröffentlichung am 26. März, 2020. https://www.sporthund.de/wagemutig-oder-scheu (abgerufen am 27.06.2022).

Schoberer, M.-M. (2022): Natürliche Wurmkuren für Hunde Internet-Veröffentlichung in PetCrew Website. https://www.petcrew.de/blogs/magazin/natuerliche-wurmkuren (abgerufen am 25.06.2022).

Thompson, B. (2021): Typ A Hunde: Von wagemutig bis neugierig. Internet-Veröffentlichung in: Wissen-Hund.de, Hundewissen verständlich. https://wissen-hund.de/typ-a-hunde-von-wage mutig-bis-neugierig (abgerufen am 24.06.2022).

Thompson, B. (2021): Typ B Hunde: Beobachter, Denker, Wächter. Internet-Veröffentlichung in: Wissen-Hund.de, Hundewissen verständlich. https://wissen-hund.de/typ-b-hunde-beobachter-denker-waechter (abgerufen am 24.06.2022).

Vetevo (2021): Fünf Irrtümer der Wurmkur. Internet-Veröffentlichung in Website vetevo. https://vetevo.de/blogs/ratgeber/die-5-irrtuemer-der-wurmkur (abgerufen am 25.06.2022).

WIX Website, Das Team von WIX (aktualisiert im April, 2022): Impressum Website – Was muss im Impressum stehen? Internet-Veröffentlichung auf der Website von WIX. https://de.wix.com/blog (abgerufen am 28.07.2022).

Yourdog Internetseite: Tabu in Erziehung und Ausbildung – Strafen erlaubt? | yourdog. https://yourdogmagazin.at/tabu-in-erziehung-und-ausbildung-strafen-erlaubt (abgerufen am 25.06.2022).

ZooRoyal Ratgebermagazin Rubrik: Zoo-MIX ohne Angabe zum Erscheinungsjahr: Tierschutzverein: schwarze Schafe erkennen. Internet-Veröffentlichung. https://www.zooroyal.de/magazin/zoo-mix/tierschutzverein-schwarze-schafe-erkennen (abgerufen am 27.07.2022).

Beschäftigung mit dem Hund

Boecker, A., (2022): Die 25 beliebtesten Hundetricks (mit Anleitung). Internet-Veröffentlichung. https://www.hundeo.com/erziehung/hundetraining/hundetricks (abgerufen am 18.10.2022).

Fleischmann, J. und Fleischmann, L.: 50 Hunde Spiele: Beschäftigung, Denkspiele, schnüffelspiele für Hunde. Internet-Veröffentlichung. Hunde Spiele aus Liebe zu Hunden. https://hunde-spiele.eu, (abgerufen am 20.08.2022).

Fressnapf Website: Hundeerziehung: Tipps & Tricks | FRESSNAPF https://www.fressnapf.de/magazin/hund/erziehung (abgerufen am 25.06.2022)

Kunze, I. und Royke, E. (2006): Hundeplatz mit Spaßfaktor. Verlag Eugen Ulmer, Stuttgart.

Rütter, M./Buisman, A. (2016): Hunde beschäftigen mit Martin Rütter: Spiele für jedes Mensch-Hund-Team. Verlag Franckh-Kosmos, Stuttgart.

Scheler, C. (2017): Cavaletti Hundesport – gelenkschonende Muskelschulung mit Köpfchen. Internet-Veröffentlichung. https://wufflog.de/cavaletti-hundesport (abgerufen am 24.06.2022).

Zooplus Website: Hundeerziehung – Hund & Welpen richtig erziehen | zooplus, https://www.zooplus.de/magazin/hund/hundeerziehung (abgerufen am 25.06.2022).

Online-Hundeschulen und hilfreiche Youtube-Videos

Joeres, D.: Hundetraining mit Herz und Verstand. Internet-Veröffentlichung. https://www.youtube.com/c/DogUniversityHundetrainingmitDaniel (abgerufen am 25.06.2022).

Lippisch, M. und Wille, I.: DogsTV – Online Hundetraining. https://www.youtube.com/c/DOGsTVPotsdam sowie https://www.dogstv.de (abgerufen am 25.06.2022).

Rütter, M.: Online Training – mit DOGS virtuell trainieren. https://www.martinruetter.com/angebot/angebotsuebersicht/themen-detailseite/online-training-mit-dogs-virtuell-trainiere (abgerufen am 25.06.2022).

Rütter, M.: Frustrationstoleranz beim Hund. https://www.martinruetter.com/erftstadt-berg heim/news/details/artikel/frustrationstoleranz-beim-hund/ (abgerufen am 21.10.2022).

Sporrer, C.: Online Hundeschule – Conny Sporrer. Internet-Veröffentlichung. https://hundetraining.me (abgerufen am 25.06.2022).

Ziemer, J. und Falke, T.: mydog365. https://mydog365.de (abgerufen am 25.06.2022).

Über die Autorin

Dr. Irene Kunze ist Diplombiologin im Ruhestand und zertifizierte Tiertherapeutin. Sie trainiert seit etwa zwanzig Jahren Familienhunde in einem Verein, der sich als „Hundeplatz mit Spaßfaktor" versteht. Gruppenspiele und Übungen zur interessanten und abwechslungsreichen Freizeitbeschäftigung mit Hunden, die dort entstanden und durchgeführt wurden, sind 2006 im gleichnamigen Buch im Eugen Ulmer Verlag erschienen. Die besondere Liebe der Autorin gilt allen Tierschutzhunden. Privat hat sie bisher insgesamt fünf Tierschutzhunden in drei Generationen ein Zuhause geschenkt.

Dank

Ich danke den vielen Mensch-Hund-Teams des Vereins „Hundetreff-Winningen" in Sachsen-Anhalt, die ich während meiner Traineraktivität kennenlernen und trainieren durfte. Dadurch wurde mein Erfahrungsschatz zum Verhalten von Hunden im Allgemeinen und von Tierschutzhunden im Speziellen unglaublich bereichert. Das war letztlich der Anstoß zum Schreiben dieses Buches.

Ein herzliches Dankeschön geht an den Verlag Eugen Ulmer, Stuttgart, für die Herausgabe dieses Buches und der damit verbundenen Unterstützung des Tierschutzes für Hunde. Ich bedanke mich ganz herzlich bei den Lektorinnen des Ulmer Verlages Frau Jennifer Zajonz, Frau Saskia Hoen, Frau Alessandra Kreibaum und Frau Kathrin Gutmann für die erfolgreiche und harmonische Zusammenarbeit und ihre tollen Hinweise und Hilfen bei der Bearbeitung und Fertigstellung des Manuskriptes.

Dem Deutschen Tierschutzbund und der Stiftung Vier-Pfoten danke ich für die freundliche und kompetente Beantwortung meiner Fragen zum Thema.

Register

Bildnachweis

Aleksey Boyko/Shutterstock.com: S. 56. Alex Zotov/Shutterstock.com: S. 174. alexei_tm/Shutterstock.com: S. 2, 143. Andrey_Popov/Shutterstock.com: S. 131. andysavchenko/Shutterstock.com: S. 181. Aneta Jungerova/Shutterstock.com: S. 136. animals-digital/Th. Brodmann: 59, 132. Anna Krivitskaya/Shutterstock.com: S. 177, Buchklappen. Asiya Yunussova/Shutterstock.com: S. 5, 16. Au_Cr/Shutterstock.com: S. 170. Bachkova Natalia/Shutterstock.com: S. 30, 67. Balakate/Shutterstock.com: S. 157. Bonsales/Shutterstock.com: S. 129, 144. dezy/Shutterstock.com: S. 51. EkaterinaShcherbakova/Shutterstock.com: S. 50. Elena11/Shutterstock.com: S. 48. EugeneEdge/Shutterstock.com: S. 40. eva_blanco/Shutterstock.com: S. 153. Evgeny Bakhchev/Shutterstock.com: S. 22. giocalde/Shutterstock.com: S. 19. Harbucks/Shutterstock.com: S. 73. hedgehog94/Shutterstock.com: S. 6. Iryna Inshyna/Shutterstock.com: S. 98. Irene Kunz: S. 187. Iryna Kalamurza/Shutterstock.com: Titelbild. Jaromir Chalabala/Shutterstock.com: S. 85, 100. Javier Brosch/Shutterstock.com: S. 82, Buchklappen. juefraphoto/Shutterstock.com: S. 24. KAZLOVA IRYNA/Shutterstock.com: S. 5. kejuliso/Shutterstock.com: S. 89. LightField Studios/Shutterstock.com: S. 43, Buchklappen. Lisa Leonardo/Shutterstock.com: S. 39. Loboda Dmytro/Shutterstock.com: S. 77. LSP EM/Shutterstock.com: S. 11. MAD.vertise/Shutterstock.com: S. 180. mauritius images: S. 34, 148. Max kegfire/Shutterstock.com: S. 8, 26, Buchklappen. Miriam artgraphy/Shutterstock.com: S. 135. Miriam Doerr Martin Frommherz/Shutterstock.com: S. 87 , Buchklappen. Olena Yakobchuk/Shutterstock.com: S. 115. Oliveshadow/Shutterstock.com: S. 20. oneinchpunch/Shutterstock.com: S. 126, Buchklappen. Oscity/Shutterstock.com: S. 119. pinchi panchu/Shutterstock.com: S. 37. Piotr Wawrzyniuk/Shutterstock.com: S. 151, Buchklappen. Pixel-Shot/Shutterstock.com: S. 49, 102, 162. PRESSLAB/Shutterstock.com: S. 52. Ptashkimenko/Shutterstock.com: S. 141. RelentlessImages/Shutterstock.com: S. 95. Rhys Leonard/Shutterstock.com: S. 38. Robert Kneschke/Shutterstock.com: S. 41. Robert Way/Shutterstock.com: S. 65. Savanevich Viktar/Shutterstock.com: S. 147. Semiglass/Shutterstock.com: S. 159. Sergey Mikheev/Shutterstock.com: S. 44. Sia Footage/Shutterstock.com: S. 78. smrm1977/Shutterstock.com: S. 161. solomonphotos/Shutterstock.com: S. 122. Sonya Anro/Shutterstock.com: S. 81, Buchklappen. Stacey Welu/Shutterstock.com: S. 93. StefanieMueller/Shutterstock.com: S. 46. Tami Freed/Shutterstock.com: S. 104. Tara Lynn and Co/Shutterstock.com: S. 182. Tatjana Baibakova/Shutterstock.com: S. 117, Buchklappen. technomolly/Shutterstock.com: S. 86. thirawatana phaisalratana/Shutterstock.com: S. 97, Buchklappen. Tierfotoagentur.de / J. Hutfluss: S. 53. TMArt/Shutterstock.com: S. 60. Twinsterphoto/Shutterstock.com: S. 127. VH-studio/Shutterstock.com: S. 121. violetblue/Shutterstock.com: S. 109. Vlad Linev/Shutterstock.com: S. 54. Volodymyr TVERDOKHLIB/Shutterstock.com: S. 90. vvvita/Shutterstock.com: S. 76. Zivica Kerkez/Shutterstock.com: S. 112.

Alle Grafiken wurden von Helmuth Flubacher nach Angaben der Autorin erstellt.

Impressum

Die in diesem Buch enthaltenen Empfehlungen und Angaben sind von der Autorin mit größter Sorgfalt zusammengestellt und geprüft worden. Eine Garantie für die Richtigkeit der Angaben kann aber nicht gegeben werden. Autorin und Verlag übernehmen keine Haftung für Schäden und Unfälle. Bitte setzen Sie bei der Anwendung der in diesem Buch enthaltenen Empfehlungen Ihr persönliches Urteilsvermögen ein.
Der Verlag Eugen Ulmer ist nicht verantwortlich für die Inhalte der im Buch genannten Websites.

Anmerkung zur Schreibweise (Gendering): Gendergerechtigkeit und Inklusion sind bei uns gelebte Praxis – bei der Auswahl unserer Themen, bei der Recherchearbeit, in der Gestaltung. Unsere Texte meinen alle. Damit unsere Inhalte jedoch gut lesbar bleiben, verzichten wir in diesem Werk auf die jeweilige Mehrfachnennung oder Anpassung der Schreibweise bestimmter Bezeichnungen an die weibliche, männliche oder diverse Form.

Bibliografische Information der Deutschen Nationalbibliothek
Die Deutsche Nationalbibliothek verzeichnet diese Publikation in der Deutschen Nationalbibliografie; detaillierte bibliografische Daten sind im Internet über http://dnb.d-nb.de abrufbar.

Wollgrasweg 41, 70599 Stuttgart (Hohenheim)
E-Mail: info@ulmer.de
Internet: www.ulmer.de
Projektleitung: Saskia Hoen, Kathrin Gutmann
Lektorat: Alessandra Kreibaum
Herstellung: Silke Reuter
Umschlaggestaltung: Katja von Ruville, Frankfurt a. M.
Satz: Anette Vogt, www.redsign.de, Stuttgart
Reproduktion: time:ray, Jettingen
Druck und Bindung: Westermann Druck, Zwickau
Printed in Germany

MIX
Papier | Fördert gute Waldnutzung
FSC® C110508

ISBN 978-3-8186-1953-4

HIER KÖNNEN SIE WEITERLESEN

Mit Christine Holsts modernem Konzept des Anamnesebaums auf Basis neuster wissenschaftlicher Erkenntnisse erfahren Sie in diesem Standardwerk, wie Sie das Wesen von Hunden besser verstehen und das „Problemverhalten" analysieren sowie passende Therapie- und Trainingskonzepte entwickeln können. Die erweiterte Neuauflage umfasst neue Beiträge der Fachexperten Adam Miklósi, Suzanne Eichel und Petra von der Ahe sowie Geleitworte von Dorit Feddersen-Petersen und Günther Bloch. Dieses einzigartige Buch zum Thema Anamnese beim Hund ist die ideale Grundlage für eine erfolgreiche Verhaltenstherapie.

Warum tut der Hund, was er tut? Anamnese-Leitfaden für Hundetrainer. Mit Geleitworten von Dorit Feddersen-Petersen und Günther Bloch sowie neuen Beiträgen von Ádám Miklósi, Suzanne Eichel und Petra von der Ahe. Christine Holst. 2., akt. und erw. Auflage 2022. 212 S., 60 Farbfotos, 27 Zeichnungen, geb. ISBN 978-3-8186-1145-3.